U0158436

想象欧洲丛书
Studies in European History

Third Edition
John Henry

The Scientific
Revolution and
the Origins of
Modern Science

科学革命
与现代科学的
起源

（第3版）

［英］约翰·亨利 著　　杨俊杰 译

北京大学出版社
PEKING UNIVERSITY PRESS

著作权合同登记号　图字：01-2009-2519

图书在版编目(CIP)数据

科学革命与现代科学的起源：第 3 版 /（英）约翰·亨利著；杨俊杰译 . — 2 版 . — 北京：北京大学出版社，2023.3
（想象欧洲丛书）
ISBN 978-7-301-33076-0

Ⅰ.①科…　Ⅱ.①约…②杨…　Ⅲ.①自然科学史—欧洲　Ⅳ.①N095

中国版本图书馆 CIP 数据核字（2022）第 097109 号

© John Henry, 1997, 2002, 2008
First published in English by Palgrave Macmillan, a division of Macmillan publishers Limited under the title The Scientific Revolution and the Origins of Modern Science, 3rd edition by John Henry. This edition has been translated and published under licence from Palgrave Macmillan. The author has asserted his right to be identified as the author of this Work.

书　　　名	科学革命与现代科学的起源（第 3 版）
	KEXUE GEMING YU XIANDAI KEXUE DE QIYUAN（DI-SAN BAN）
著作责任者	[英]约翰·亨利（John Henry）著　杨俊杰 译
责 任 编 辑	张文华
特 约 审 校	严弼宸
标 准 书 号	ISBN 978-7-301-33076-0
出 版 发 行	北京大学出版社
地　　　址	北京市海淀区成府路 205 号　100871
网　　　址	http://www.pup.cn　新浪微博：@北京大学出版社 @阅读培文
电 子 信 箱	pkupw@qq.com
电　　　话	邮购部 010-62752015　发行部 010-62750672　编辑部 010-62750883
印 刷 者	天津光之彩印刷有限公司
经 销 者	新华书店
	787 毫米 ×1092 毫米　32 开本　10.5 印张　194 千字
	2013 年 6 月第 1 版　2023 年 3 月第 2 版　2023 年 3 月第 1 次印刷
定　　　价	80.00 元

目　录

第3版致谢

衷心感谢各位同人，自本书问世以来，他们的评语多是肯定的。哪怕有一些不是全然肯定的，却也给我带来了裨益。具体说来，要感谢威尔伯·阿普勒鲍姆（Wilbur Applebaum）和弗洛里斯·科恩（Floris Cohen），他们的智慧让我受益良多；也感谢约翰·舒斯特（John Schuster），他的评论很有见地；还要感谢迈克尔·亨特（Michael Hunter）、基思·哈奇森（Keith Hutchison）、凯瑟琳·尼尔（Katherine Neal）、马尔科姆·奥斯特（Malcolm Oster）、伊恩·斯图尔特（Ian Stewart）；也要借此机会感谢东慎一郎（Shinichiro Higashi）、克里斯托弗·W. A. 什皮尔曼（Christopher W. A. Szpilman）、弗雷德·斯特罗伊克（Fred Struik）、弗兰克·帕金森（Frank Parkinson）；还有一位读者也要感谢，现在已经知道他的名字也叫约翰·亨利。修订这样的一部作品，确实很难搞清楚哪里是一定要修订的，哪里又是有理由要保留的，为此，衷心感谢匿名评审们的评语，使我得以换位思考本书，找到不少疏漏。我还很荣幸，能有麦克米伦（Macmillan）的索尼娅·巴克（Sonya Barker）与费莉西蒂·诺布尔（Felicity Noble）的热情鼓励。

约翰·亨利

2008 年于爱丁堡

第1版致谢

我的同事们都知道，这本小书花费我的时间远远多过一册小书应该花的时间。我很庆幸，终于可以感谢理查德·奥弗里（Richard Overy）和罗伊·波特（Roy Porter），感谢他们的绵绵耐心与鼓励。约稿的期限我一再地错过，麦克米伦的瓦妮莎·格雷厄姆（Vanessa Graham），还有西蒙·温德尔（Simon Winder），未曾间断过鼓励，表现出了非凡的忍耐，衷心感谢他们两位的鼎力扶助。不过，写作这样的一册小书，最要感谢的还是我所参照著作与文章的作者们。与真正完全的书目比起来，本书所列的，只可谓故作姿态。在感谢这些作者之余，罗伯特·胡克（Robert Hooke）的那句"了解得越多，你就越有能力去探究和寻找一些关于该主题值得进一步了解的东西"是我完全同意的，我也希望读者们会觉得自己有了更好的能力，可以更全面地理解现代科学的起源。在写作本书的过程中，我的姐姐凯（Kay）罹遭乳腺癌的困苦，还有为摆脱这个病症而就医的困苦。她已于数周前离世，当时此书还未竟稿。我们向来相亲相爱，愿以此书怀念她。

约翰·亨利
1996 年于爱丁堡

中译者序

在《伽利略研究》(*Études galiléennes*，1939）一书的"引言"里，亚历山大·柯瓦雷（Alexandre Koyré，1892—1964）明确给出"科学革命"的说法。他指出，"17世纪的科学革命"是一场极其重要的"嬗变"，几可谓仅次于希腊"宇宙论"的嬗变成形。[①]经典科学的思想态度就是由这场嬗变、这场思想革命奠定的。

柯瓦雷的"科学革命"的说法有两个明显的特点：首先，这是一种"思想转变"，特指自然观念的重要变化。"经典物理学"也因此有着特别重要的价值，它是这场科学革命的直接表现和成果。其次，这种思想转变是"嬗变"而非遽然的转换，是"渐变"而非"顿变"。柯瓦雷分析指出，伽利略的物理学理论就体现出了一个动

---

① 参看［法］亚历山大·柯瓦雷：《伽利略研究》，刘胜利译，北京大学出版社2008年版，第2页。

人的嬗变过程，伽利略是在吸收前人观念的基础上，逐步形成自己的物理学的。①

在史蒂文·夏平（Steven Shapin）看来，法国学者柯瓦雷的这个"科学革命"的说法大抵就是专有名词"科学革命"的最早出处，英国学者艾尔弗雷德·鲁珀特·霍尔（Alfred Rupert Hall，1920—2009）于1954年出版的著作《科学革命》（*The Scientific Revolution*）则是最早以"科学革命"命名的著作。②

"科学革命"一词很快成为科学史界的专有名词，尼古拉·哥白尼（Nicolaus Copernicus）的《天球运行论》（*De Revolutionibus orbium Coelestium*，1543）和艾萨克·牛顿（Isaac Newton）的《自然哲学的数学原理》（*Mathematical Principles of Natural Philosophy*，1687）被公认为"科学革命"的两个重要界碑。《天球运行论》究竟是"革命"的先声还是"革命"的序幕，仍在争鸣。《自然哲学的数学原理》之为奠定"革命"的一项重要成就，则是殊无可疑的。

然而，关于这场"科学革命"的时间跨度，其缘起，

---

① 参看［法］亚历山大·柯瓦雷：《伽利略研究》，第82页。

② Steven Shapin, *The Scientific Revolution*, Chicago: The University of Chicago Press, 1996, p. 2.

其构成，以及诸多方面的内涵，学界都存在着一定的争议。甚至连"科学革命"这个名词本身，也不能免遭冲击。女学者贝蒂·乔·T. 多布斯（Betty Jo T. Dobbs，1930—1994）就是其中的一位勇猛的冲击者。

宗教与科学在 17 世纪的互动，早已不是新奇的话题。罗伯特·K. 默顿（Robert K. Merton，1910—2003）的著作《十七世纪英格兰的科学、技术与社会》（*Science, Technology and Society in Seventeenth-Century England*，1938），已然提出所谓的"清教与科学"论题。然而，多布斯以牛顿为例，关注牛顿在炼金术方面的素养，指出牛顿科学劳作的旨趣在于宗教。她的研究兴趣却并不局限于宗教与科学的互动框架，而是直指牛顿的个体性的宗教情结、科学意愿在宏大的历史叙事中的失落。

多布斯指出，牛顿的科学所要成全的，不是科学的"革命"，不是通常所设想的科学世界观对宗教世界观的彻底颠覆，而是科学的"返回"，要用科学的东西印证宗教的东西。如果一定要把"scientific revolution"的说法措置在牛顿身上，就只有把"revolution"理解为这个词的本义"运行"①而非新意"革命"。牛顿的本意是要"截

---

① 哥白尼《天球运行论》书名里的"revolutionibus"，就是取"运行"的本意。

断"与他那可谓诡异的神学观念迥然其趣的各种"思潮"（包括无神论），却吊诡地加速了"科学"时代的来临，甚至还被法国的启蒙思想家建构为科学的伟人，被当作"科学革命"的集大成者，成其为全新的科学世界观的代言人。

在多布斯看来，牛顿的科学事业可谓不幸，竟然遭遇了这样的反讽。她也更愿意称牛顿是"历史的输家"，而那赋予牛顿盛名的"科学史"则吞噬了牛顿，有如8世纪法兰克军队的仇敌扑杀殿后的名将罗兰（Roland）。

多布斯如此着力于勾勒历史叙事与个体情调的错落，其意图当然是呼吁以"科学革命"为辐辏的科学史要警惕，要慎重——警惕"科学革命"概念的内涵框架，慎重对待所谓的"科学革命"时期所发生的种种变化。①

---

① 以上所述多布斯观点，参看 B. J. T. Dobbs, 'Newton as Final Cause and First Mover', in Margaret J. Osler (ed.) *Rethinking the Scientific Revolution*, Cambridge: Cambridge University Press, 2000, pp. 25-39, esp. pp. 38-39, a. 25-26。这原是多布斯 1993 年在科学史学会年会上宣读的论文，被收入这部纪念论文集里。这部纪念论文集同时也纪念韦斯特福尔教授。多布斯论牛顿的著作有：*The Foundation of Newton's Alchemy: Or, 'The Hunting of the Greene Lyon'*, Cambridge: Cambridge University Press, 1975; *The Janus Faces of Genius: The Role of Alchemy in Newton's Thought*, Cambridge: Cambridge University Press, 1992。

著名科学史家理查德·S.韦斯特福尔（Richard S. Westfall，1924—1996）一直与多布斯相熟，但他不认可这番关于"科学革命"的疑虑，并开诚布公地给出了批驳的意见。在他看来，"科学革命"的说法并不意味着科学取代了宗教，而首先意味着教会一度奉为圭臬的科学信条被推翻，新的科学观念迅速得到伸张，尤其是"日心说"成其为全新的大文学，"自然的数学化"塑造了全新的机械论，"机械论哲学"取代了旧有的自然哲学。科学观念的这种变化，是确凿无疑的。

紧接着，韦斯特福尔更进一步地谈起"科学革命"的科学与宗教话题。"科学革命"的有力推动者，也可以是宗教的执着信徒，尊奉《圣经》的字句和精义，譬如牛顿。但他指出，牛顿不再是用《圣经》来衡量科学的观念，而是用科学来判断《圣经》的效力。宗教与科学的互动一如既往，但两者的位置关系已然颠倒。科学已成为自主的权威，宗教与科学由此而逐渐形成一种新型的互动关系。炼金术与"科学革命"是紧密关联着的，甚至还呈现出共荣的实际局面（16世纪末和17世纪也恰是炼金术的辉煌年代），这就揭示了"科学革命"的并不反对宗教的特点。

按照韦斯特福尔的观点，纠缠在牛顿身上的宗教与科学的关系确实值得认真分析，但有一点是可以肯定的，那就是牛顿所执着的宗教信念、神学信念，是有别于教会的正统观念的。牛顿固然坚信"三位一体的教义不单是错的，还是一场由4世纪的恶人所造的骗局"，却还必须隐讳他所遵从的这种神学进路，以免遭受迫害。在韦斯特福尔看来，牛顿与包括无神论在内的各种思潮并非对立的，而是可以和谐的，因为他们有着共同的敌人。①

韦斯特福尔回应的要旨在于，牛顿的科学劳作固然以宗教为旨趣，但其通过科学所要实现的科学与宗教的关系，恰恰契合了整个"科学革命"时期的情调。可是，韦斯特福尔所界定的"科学革命"的内涵，也因此不同于多布斯所要抨击的那种委屈了牛顿的"科学革命"的内涵框架。于是，韦斯特福尔的辩护自成逻辑，多布斯的抨击却也是不无道理的。

多布斯的抨击实际上是在提醒科学史学界，要珍视"科学革命"时期的具体个体的具体语境，不可自矜于概念的框架而以此套取鲜活的个体。语境化的科学史编写，显然是她所希冀的。"科学史"的"封圣"或者"正典化"（canonization）机制予以支撑的、启蒙运动所

---

① 以上所述韦斯特福尔的观点，参看 Richard S. Westfall, 'The Scientific Revolution Reasserted', in Margaret J. Osler (ed.) *Rethinking the Scientific Revolution*, pp. 41-55, esp. p. 54。

标榜的"科学"观念，确是"科学革命"研究要认真警惕的。本书作者约翰·亨利概括指出，语境化的追求已然是目前科学史编写的"驱动力量"，这无疑是合乎多布斯的期待的。

而尽管确实存在着或大或小的争论甚或冲击，"科学革命"的概念大抵已是学界的共识。在那个时间跨度略显模糊的时期里，科学观念层面以及科学实践层面，确实出现了意义深远的重要变化。

伽利略·伽利雷（Galileo Galilei，1564—1642）把望远镜捕捉到的太阳黑子，解释为太阳本身的特点，而不认为这是环绕着太阳的东西。对传统自然哲学观构成强有力挑战的，恰是这个诠释（而非观察）。太阳不像以前所设想的那样是完美的，不是由那不可毁坏的第五元素构成的。月上界（尤其是太阳）与月下界（尤其是地球）原来也遵循着同样的自然规则。这表明关于自然的知识是普适的，可以覆盖世界的各个角落。弗朗西斯·培根（Francis Bacon）1620 年出版的《伟大的复兴》（*Instauratio magna*），以航船驶出那意味着人类知识限度的"赫拉克勒斯之柱"的景象为封面，这就是科学知识的普适信念的象征。

约翰内斯·开普勒（Johannes Kepler，1571—1630）在承袭哥白尼"日心说"的基础上，就把天体看作同样受着自然力量驱使的事物，整个宇宙就是一台机械。宇宙里的具体事物如果是"神奇"的，其根源在于其中的机械原理，而并非这事物是有生命的。很显然，这种"宇宙机械观"又或者"自然机械观"，有助于廓清对偶像的崇拜以及对偶像崇拜心理的利用，强化了马克斯·韦伯（Max Weber，1864—1920）所说的"祛魅"功效。

钟表便堪作"自然机械观"的象征，罗伯特·波义耳（Robert Boyle，1627—1691）、勒内·笛卡儿（René Descartes，1596—1650）等也确实把自然世界看作一台钟表。而波义耳的"空气泵"也同样廓清了所谓"自然憎恶真空"的错误常识。人们不必再相信自然是有生命从而有好恶的，气压的原理才是其中的关键。

机械的世界也就是可以解析的世界，"自然世界的数学化"便蔚然可感。牛顿的《自然哲学的数学原理》则是这种数学化态势的顶峰。即便牛顿的构想是得益于罗伯特·胡克（Robert Hooke，1635—1703）的，即便胡克的天分也是不容轻视的，然而，牛顿这整个依据精确的数学而进行的论证，恐怕确是胡克不能够做到的。

当然，"科学革命"所内蕴的这种种重要变化，尤其是机械论世界观的推扩，也并不意味着这些科学从业者要彻底地悬搁上帝。通过"设计论证"的思路，机械论的世界观仍然能够是肯定上帝的：自这磅礴而且精妙的宇宙机器展望那独一无二的创造者，同时也对创造者的介入保有信心。

不过，机械论的世界观固然可以很清晰地解析自然世界，却不能同样有效地解析人的精神世界。精神世界的现象不是物质加运动的模式就能够解决的。哪怕只是自此而返回自然世界，恐怕也不禁要对自然世界的所谓物质加运动的模式心生疑虑。巴鲁赫·德·斯宾诺莎（Baruch de Spinoza，1632—1677）的《伦理学》（*Ethica Ordine Geometrico Demonstrata*）那有着鲜明几何形式的论证，显然是这个时代的色彩使然。但其主张的广延与思维（抑或物质与精神）二性，却又给新的世界观做了铺垫。弗里德里希·威廉·约瑟夫·谢林（Friedrich Wilhelm Joseph Schelling，1775—1854）的自然哲学，耶拿浪漫派（Jena Romantics）的世界观，其景仰斯宾诺莎的思想，也就不是偶然的了。

科学实践层面的重要变化，尤其体现为重视"亲身观察"有甚于权威的经典文本，重视经验和实验，重视仪器的使用。值得注意的是，纵然观察或者实验之所得常常颠覆了权威的经典文本，但这并不意味着这些有着非凡的科学头脑的思想家就是鄙薄传统的。他们多半仍对古人心存敬畏，其所推崇的总是一些或多或少被湮没的古代思想。[①]

有鉴于变化的实在性质，约翰·亨利在本书开篇所说的，"科学革命"这个概念"纵然出于史家们的方便，却并不因此就只是史家们的想象，而在历史现实里没有基础"，也就确实是很中肯的。这本《科学革命与现代科学的起源》，简要地概括了"科学革命"所对应的这种种重要变化。尤其可贵的是，作者在勾勒这段科学史的时候，还扼要地介绍了科学史编写方面的重要点滴。

加拿大科学史家玛格丽特·奥斯勒（Margaret Osler，1942—2010）教授由此给予了很高的评价——"约翰·亨利这本小书已然有了第 3 版，这就是它成功的明证"，把它与彼得·迪尔（Peter Dear）的《让科学革起命来》（*Revolutionizing the Sciences*）一道用于科学史概论的本科生教学，并认为研究生阶段的学生也能获益匪浅。[②]

本书作者约翰·亨利于 1983 年在英国开放大学（Open University）获科学史专业博士学位。自 1986 年起，他任教于英国爱丁堡大学（Edinburgh University）社会科学和政治科学学院（School of Social and Political Science）

---

① 以上内容，尤其得益于 Steven Shapin, *The Scientific Revolution*, pp. 13-117。

② 参看玛格丽特·奥斯勒关于《科学革命与现代科学的起源》第 3 版的书评，载 *Isis*, 100: 2 (2009), pp. 403-404。

的"科学研究部"（Science Studies Unit），代表著作有《科学革命与现代科学的起源》（*The Scientific Revolution and the Origins of Modern Science*，1997）、《运动的天和地：哥白尼和太阳系》（*Moving Heaven and Earth: Copernicus and the Solar System*，2001）、《知识就是力量：培根和科学方法》（*Knowledge is Power: Francis Bacon and the Method of Science*，2002）等。《科学革命与现代科学的起源》曾于2002年推出英文第2版，这里移译2008年英文第3版，亦即最新版。

英文版每次新版都更换封面设计，文字也有所调整，推荐书目也有增扩。① 最显著的变化，是由初版的七章内容变成第2版的八章内容。新增者系第二章"文艺复兴与科学革命"，并将"科学的方法"的第二部分由"实验的方法"改为"经验与实验"。第2版的这些增改，亦为第3版所沿用。奥斯勒教授以为"文艺复兴与科学革命"系第3版新添，这是她的疏忽。

本书涉及科学、宗教、哲学等领域的术语甚多，多遵循惯例译之。约有几个重要概念，为顺畅起见，也为

---

① 最有趣者当数英文第3版把托马斯·库恩（Thomas Kuhn）的《科学革命的结构》（*Structure of Scientific Revolutions*）添入"推荐书目"部分。

方便起见，略做融通："active"统一作"主动的"（纵然有时须理解为"活动的"）；"alchemy"统一作"炼金术"；"magic"统一作"法术"，也就有了"自然法术""数学法术"等译名；"mechanics"则大多译作"力学"（譬如"terrestrial mechanics"和"celestial mechanics"分别是"地界力学"和"天界力学"），有时也译作"机械学"。请读者诸君明察。

作者学养深厚，著述文字旁征博引。中译者虽兢兢业业，唯恐意有不逮，然而学力终究有限，错漏之处难免，敬请海涵。希望对科学革命有兴趣者，均能因开此卷而得多益。

译者谨识

关于注释

注释放在正文中的小方括号内，与书末推荐书目的编号相对应。必要时，页码紧跟在推荐书目编号之后，用冒号隔开（除特别注明外）。注释中若出现一部以上的参考书，会用分号隔开。

第一章

科学革命与科学史编写

"科学革命"（Scientific Revolution）是一个专有名
词，科学史家们用它特指欧洲史的一个时期：他们认为，正是在这个时期才真正奠定了现代科学在观念、方法论和制度方面的根基。至于这个时期的确切时间，史家们见仁见智，但一般主要聚焦于17世纪，有人认为在16世纪就揭开了序幕，18世纪才算是巩固的时期。至于科学革命的确切本质、起源、原因、争论焦点以及结果，研究者们也同样各有说法。这种解释的灵活性清楚地表明，"科学革命"主要是史家们的一个概念范畴。不过，这个概念纵然出于史家们的方便，却并不因此就只是史家们的想象，而在历史现实里没有基础。

确实，公元1700年人们有关自然世界的知识明显与公元1500年不同。毫无疑问，在这段时间里，欧洲文化在关于物质世界的性质方面，在如何研究、分析和表现物质世界的性质方面，都出现了极其重要、影响深远的变化，其中许多进展在现代科学中继续发挥着重要作用。不再是全然思辨性的（为知识而知识）、基本上完全以古代哲学家亚里士多德（Aristotle）学说为基础的自然哲学，而代之以这样的普遍信念：关于自然的知识应为了人类的利益而投入实际使用[117; 150; 68]。不再把古人的权威作为知识的最高来源来依赖，而代之以这样的信念：要获取有关自然世界的知识，只能亲自研究这个世界，或是细致地观察，甚或精心设计研究性实验[69；131；318]。数学曾经被看作纯粹的人造技艺，而数学分析被认为太过抽象，与对自然世界的理解毫无关系可言；但从这时起，数学越来越被认为是揭示自然现象运作所必需的手段[321；68；319；105]。多少个世纪以来，"自然法则"不过是一个模糊的隐喻，这时则头一遭要以具体、确切的法则来丰富它[151；180]。多少个世纪以来，自然的与人造的或人工的，总是截然对立；从这时起，人们则逐渐以与人工程序进行类比的角度来理解自然世界，至17世纪末这一观念已达极致，人们认为自然世界最好通过与碰撞或者物理接触这类机械行为相类比地来理解[12；69；76；111；131；318]。因此，人们不再信奉月亮之下的一切由土、水、气、火四元素组成，月亮之上的一切则由恒定不变的第五元素组成，而代之以这样的信念：在诸天与地球之间并非截然有别，一切事物（不论月亮之上的抑或月亮之下的）都是由看不见的小微粒组成的（通过碰撞和互相接触而相互作用），一切都受制于相同而普遍的自然法则[21；69；111；303；318]。于是，人们所信奉的不再是以地球为中心的有限的和谐整体宇宙（cosmos），而是一个无限的宇宙（universe），太阳在其中不过是诸多恒星中的一颗，地球亦不过是围绕这颗恒星运转的行星之一[184；185；186；148]。人体解剖学的许多发现导致了血液循环的发现，从而完全改写了生理学 [61; 63; 101; 133; 102; 103]。有性繁殖被理解为基于精子与卵子的结合，就连植物也被认为是如此 [1; 101]。而所有这些，不过是一些影响最深远的变化而已。

也就不难明白，很多这个时期的主要革新者，何以如此地自信于其所做的是全新的事情。试看科学革命的主要人物所写的著作，很多在题目里就有"新"这个词。培根（1561—1626）的《新工具》（*New Organon*，1620）公开宣布要取代亚里士多德《工具论》（*Organon*）的学说。伽利略（1564—1642）写下了《两门新科学》（*Two New Sciences*，1638）。开普勒（1571—1630）先是指出帕拉塞尔苏斯学派（Paracelsians）开创了一门新医学、哥白尼学派开创了一门新天文学，然后他本人出版了一部著作，里面都是他本人的发现，名为《新天文学》（*A New Astronomy*，1609）。这样的例子还有很多。因此，科学革命的概念可以被看作指向一个非常真实的根本性变化的过程。我们要想弄明白这些变化的本质和原因，就必须努力抓住当时这些思想者的基本问题，弄清楚他们在思维方式上最重要的改变，在社会组织方面最明确的变动，在科学实践上影响最深远的变化，以及那些最重要的发现与发明的意味。我们倒不必逡巡于对确切的起始时间的探究，讨论它到底是怎样的一种革命，何为界定科学之革命变化的最佳方法。这样做无异于错误地以为，那个不外乎只是出于方便而为社会和智识方面众多重要变革提供参考的说法，好像在某种程度上抓住了那些变革的假定的本质 [6; 45; 237; 271; 69; 33]。

不过，关于科学革命究竟是不是一场革命，引起了一场重要的历史编写争论，而且这场争论仍在继续。不少史学家指出，现代早期科学中的"革命"这一概念，及其蕴含的与过去彻底断裂的意味，是不恰当或错误的。显然，关键在于采用什么样的标准来衡量这场争论 [58; 57; 244; 124; 192]。目前公认的看法似乎是，科学发展的"连续论"观点，固然曾经被夸大了，但仍不失为有价值的。它有助于明确这一点：正是中世纪为后来的发展提供了各式各样的前提条件 [192; 76; 33]。近年来的很多关于中世纪科学的研究相当清楚地表明，中世纪的自然哲学为科学革命铺好了基石。但是，这些新的研究在历史编写上也并不是严格的连续论，因为它们也都承认在科学革命时期确实出现了完全不同的东西。既然欧洲的知识大厦确实出现了变化，那么我们就要去了解：基石究竟铺到了怎样的程度？上层建筑又是从哪里盖起？然而，纵然中世纪曾经意味着一个在科学方面凋敝和停滞的时期，我们也还是要感激连续论史学家们的出色工作，让我们知道了中世纪思想家们所取得的那些无可否认的成就，特别是在天文学与宇宙论方面，在光学、运动学以及其他数理科学领域，以及在自然法则概念和实验方法的发展方面 [123; 124; 57; 58; 192; 244; 76; 151; 220; 221]。

更何况，连续论的历史编写还发挥了一项重要作用，让科学史家们清楚地意识到所谓"辉格主义"（whiggism）的危险所在。科学史一向有一种倾向，即凭借后见之明来回顾那些后来已知的重要事情。根据现在来判断过去，这就是辉格主义。在这门学科刚刚形成的那几十年里，科学史家们惯于从伽利略或者开普勒等人的作品里截取一些直接预示或最容易被当作当前科学的特征。如此得出的历史，往往是对实际情形的可悲的歪曲。而很显然"科学革命"概念当中就包含了辉格式的东西。那个时代的科学是革命性的，只是由于它与之前的科学有别，而与我们现在的科学很相像——或者说我们是这样认为的。于是，我们想说的似乎不只是这里是现代科学的起源，这里甚至是当代科学的开端！

在某种意义上，这种辉格主义在科学史里仍盛行不衰。科学史的 *raison d'être* [1]，说到底就是要想办法搞清楚科学为什么以及怎样在我们的文明里成为主导性的存

----

① 法语 raison d'être，意为"存在的理由"，这里或可理解为"主旨"。——译者注

在[183; 171; 48; 59; 158]。这就是说，我们的整个历史都是以现在为导向。因此，辉格主义潜伏在我们所有人的内心之中，尽管严厉打击辉格主义如今已是老生常谈，跻身严肃学术圈必须把这挂在嘴边[130]。杰出的思想史家理查德·H. 波普金（Richard H. Popkin）曾开玩笑地表示，他真想研究清楚牛顿这位"17世纪最重要的反对三一神论的神学家"怎么会抽出时间来写有关自然科学的著作[236]。我们认为这是在开玩笑，因为我们不可能真的接受"牛顿的历史地位其实源于他是一位神学家"这一论点。在此意义上，我不得不承认自己其实也没有脱开辉格主义，因为我深信我们之所以要研究牛顿，就是由于他为我们的科学文明做出了了不起的贡献。关于这位奇男子，真的没有什么比这更令人向往的了。

不过，连续论至少在一定程度上确实能被看成辉格式倾向的一种解毒剂，因为它倾向于往回看而非固有地向前看。试着把伽利略看作一位后来所说的"冲力"（impetus）的理论家，总比认为他预先勾勒了牛顿的惯性理论要少一些辉格式倾向，并且可以让我们更切近于赫伯特·巴特菲尔德（Herbert Butterfield）的这个建议（这可是他在因写了一本关于科学革命的书而成为辉格作风史学家之前说的！[130; 58; 33]）：我们要试着"用另一个世纪的眼睛，而非我们这个世纪的眼睛，来看待生活"

[130: 48]。确实，所有的科学史家如今都在想办法避免赤裸裸的辉格主义，连续论者和革命论者都是如此。但似乎可以稳妥地说，研究中世纪的史家们是最早指明这条道路的人 [57; 58; 76; 124; 192]。

另一个表明科学革命的概念内含着辉格主义的指标，是"科学"这个词本身。我们当今所用的"科学"一词，首创于 19 世纪。严格说来，在现代早期根本没有我们现在意义上的"科学"。以为当时就有而大谈特谈，这显然是一种辉格式的歪曲。我本人也未曾幸免。在考察我们视作"科学"的东西的历史发展时，要弄清楚"科学"这一概念是如何出现的，这应该是我们目标的一部分；要是我们大谈特谈"科学"，好像科学是从来就有的，这就是在乞求问题本身。

科学革命的时代如果没有"科学"，那有的是什么呢？有那被称作"自然哲学"的东西，着意于描述、解释整个的世界体系 [124; 21]。当时已有一系列技术相当发达的学科传统，要么以数学为基础，譬如天文学 [82; 186; 188; 79; 148]、光学 [250; 57; 198]、力学 [76; 181; 190; 12; 13; 15]，以及当时所谓的音乐，尽管我们会把这看作一种基于比率原则以及比例其他方面原则的数学研究；要么以医学为基础，譬如解剖学 [34; 102; 61; 63]、生理学 [133; 308; 25]，还有药理学或药物学，即对制药原料（*materia medica*）

进行研究 [7; 25; 49; 73]。另外，还有一大批的实用技艺（practical arts），譬如航海、制图、造防御工事及其他的军事技艺，还有采矿、冶炼、外科手术等 [271; 225—227; 15; 188; 181; 190]。这些专业科目同自然哲学之间的关系需要细致阐明，这方面的工作也正在继续。

科学史领域一些最令人振奋的研究，一直致力于展现专业学科与自然哲学之间那不断变化的互动，究竟是怎么通过其中一方甚至两方当中的实践者，不仅催生了知识与实践的新进展，还催生了一些看起来更接近于或与我们如今的科学学科划分有着更多直接关系的东西。伽利略想把运动学同自然哲学结合到一起，于是有了他称之为"运动的新科学"（new science of motion）的东西，在史学家们看来这仍然是对后来的理论有影响的一步 [283]。同样，笛卡儿（1596—1650）形成机械哲学这种新的、影响颇大的自然哲学，是由于他想把几何推理的明确性作为自然哲学的基础 [115]；牛顿的新自然哲学，正如他的书名所表明的，是以数学原理作为基础 [106]。至于有关物质的原子论，其演进至少在一定程度上要归功于那些在医学方面受过训练的自然哲学家，他们扩展了亚里士多德的自然哲学来对化学家们的经验知识进行解释 [220; 221; 216; 86; 206; 303]。波义耳（1627—1691）等人在 17 世纪末的英格兰发展出来的新实验哲学，也正是为了给正确的自然哲学划定全新的学科边界，并排除那些以往被视为正确的做法[279]。

科学革命当中究竟发生了什么，有一个简单却基本准确的概括，那就是说，中世纪的自然哲学原想与数学以及其他更实用或更经验性的技艺与科学保持距离，最终还是与这些对自然进行分析的方法融合在一起，产生了与我们现在的科学概念更相近的东西。不应把科学革命看作科学中的一场革命，因为当时根本就没有我们现在的科学概念，只是在科学革命时期这一概念才从一些之前很不同的要素中慢慢成形[6]。

由此可见，在研究现代早期的时候，以"自然哲学"一词来代替"科学"，绝不是理想的做法。这两个词绝不是等同的。科学革命的一个革命性之处恰恰是，在这个时期，自然哲学发生了天翻地覆的变化，它更切近于我们现在的科学概念[21; 111]。不过，即便如此，"自然哲学"一词当时基本上还是指一种关于自然世界的理解，并一直持续到19世纪（这时"科学"一词已是现在的含义）。于是，我将频繁交替地使用"自然哲学"与"科学"，在这两种情况下，其含义不外乎是努力理解、描述或解释自然世界的运作（形容词用法如"自然哲学的""科学的"，我也是这样来用）。我希望这两种时代误置的说法不会让人分心。

不过，还是有可能既承认在一个人研究科学史的理由中存在辉格式的东西，又不致让辉格主义闯进历史叙事中。作为史学家，我们的目标是要努力做到尽可能全面地理解当时的语境，而不是强加以我们自己的观点。举例来说，伽利略于1610年出版《星际讯息》（*Sidereus Nuncius*），展示其借助新发明的望远镜观察夜空所得来的发现。我们要想弄清楚当时对这本小书的反应，显然不能只读他这本书[108; 292]，也不能只弄清楚伽利略那时的专业天文学和宇宙论的情况就觉得够了。例如，众所周知，伽利略同时代的一些人拒绝使用他的望远镜。他们为什么有那样的反应？这肯定与天文学方面的任何技术性细节无关[301]。部分原因在于，法术师，甚至是普通的魔术师，都是用平面镜与透镜组合来愚弄百姓；而望远镜也是人造的物件，当时的人当然不觉得它能提供有关自然的可靠知识[15; 685; 136]。这也有助于理解伽利略所写内容的影响。当时的读者阅读一本可能不会在其直接领域之外产生影响的作品，与阅读像伽利略的这样一本不仅有悖于当时的天文学与宇宙论，还有悖于更广泛的自然哲学和宗教信仰的书，反应当然会很不同[20; 282; 284; 196; 93; 148]。要想给出真正全面的描述，还得了解清楚当时对伽利略这个人是怎么看的：他的名声怎么样，大家觉得他的动机是什么，大家是否觉得他确实是在无私利地在言说，等等 [19；参看对其他思想家的类似考察，17；195；276；278；279]。当然，这类事情探究起来是无边无际的，这也是关于任何一个话题没有哪位史学家能言尽其详的原因所在。总是有可能就这一主题再说点有助我们继续重构过去的东西。

因此，追求一种越来越全面的语境化，这是当前科学史编写的驱动力量。语境主义其实是一种折中主义的结果，把两种以前被视为相互对立的科学史研究方法结合到一起。科学史这门学科曾经出现过分裂，内在论者（internalists）与外在论者（externalists）相互争斗（大概是在 1930—1959 年这段时期）。内在论者深信，科学或科学的下属学科是一个自足、自我规定、出于自己的内在逻辑发展起来的思想体系；外在论者则坚称，科学的发展决定于其所处的社会政治或社会经济背景。事实上，这两种立场都不够有效，都行不通 [277：345—351]，很快一种自称折中主义的方法广为流行（大概是在 1960 年）。这种折中主义方法现在依然是主流，而在实践中，这意味着几乎所有的近期研究都可以在一个从偏重内在论 [譬如76；86；221] 过渡到偏重外在论 [譬如225；169] 的"光谱"中找到定位。但新的折中主义者还是与外在论者不一样，他们很清楚围绕着相关实验结果或分析结果以及正确理论所做出的科学判断，有时候只有根据这些判断所处的专业传统本身才能理解，与更广泛的外界社会的看法无关。可它并不就是内在论，因为折中主义的科学史家们认为（或假设），就这些情况而言，专业传统本身其实就是一个社会建构或者文化决定的现象，置身于这一传统里的科学工作不可避免地要受到相关专家之间社会联系的影响 [277: 352—353; 271: 222; 273: 101; 68; 291]。

8　　　关于科学史编写，很重要的一点必须指出来，即越来越全面的语境化已是几十年来大多数从业者的主要追求。由此它成了历史学的一个分支学科，以其自身的方式蓬勃发展，从更宏观的方面来看，它大大有益于我们理解科学是怎样以及为什么成为西方文明的主导特征的。而在这种理解科学在文明中的主导地位的宏观追求中，关于科学革命的陈述颇为重要。不过，我们面对这类陈述，定要牢记那些有助于形成这些陈述的复杂的历史编写问题。

　　　科学史编写的另一个重要特征，及其为更进一步语境化所做的努力，便是越来越关注日常进行的科学实践活动。西方科学作为一种独特的现象，对它的最初考察是由哲学家们施行的，这样说应该是准确的。科学史在其早期发展阶段中，作为历史学的一门分支学科，经常充任提供案例的功能，以对科学哲学家们有关科学方法，或得出新发现的方式，或新发现如何被确立为"真"的主张进行说明。此等哲学导向所带来的结果是，近乎普遍地关注科学思维与科学观念。

但很快，科学史就开始为哲学主张提供反例，并提出自己关于科学及其发展的替代性陈述。科学史在拒绝先前关于科学的哲学理论阐释方面有一个经典研究案例，那就是库恩的《科学革命的结构》[187]。库恩关于科学知识如何进步的基于历史的理论仍然具有很大的影响力，但主要是在科学哲学家们中间，他们总是在争论库恩说的是否正确（这颇有些滑稽）。史学家们从来都是更愿意从事历史研究，而非争论之前某位史学家（更别说某位哲学家）说过什么，因此，库恩的名著在历史编写领域影响较小。因为科学史家们继续用更精细的细节来检审科学发现或者进步里的每一个插曲，从而证明每一个案例都是独一无二的。

如果说科学史编写倾向于远离科学哲学，那么最近它又发现了科学社会学这个更合适的盟友。新同盟的一个主要特点是，远离科学思想史，趋就科学社会史。科学思想史把科学的发展看作那些围绕着世界运作方式的观念先后交替更迭的历史，或者科学思维的历史；科学社会史所关注的，则是研究自然的人在其所从属的外界社会里所担任的角色和功能 [12; 15; 18; 25; 59; 97; 127; 138; 171; 177; 200; 201; 208; 223; 231; 第二部分; 267; 278; 279; 287; 289; 332]。

不得不说，并非所有这一类的研究都有益于理解科学的本质。最近有很多沿着这类线索进行的研究，都只不过是倾向于印证别的社会史学家们关于早期社会本质与情况的主张，也就是说，认为那些从事自然研究的人和当时别的人一样，参与且帮助组成他们所从属的社会。这就把科学家们与社会上别的人混为一谈，根本没有去试图理解科学机制本身。然而，就我们的目的而言，关于"科学"的社会史的最佳研究应当揭示：在特定科学从业者们的工作中，那些由社会决定的方面究竟是怎样关联着我们对科学知识如何进步或科学怎样发展的理解。

具体说来，很多对不同技艺和科学的社会意识研究已经表明，这些技艺和科学的实践对于我们理解它们是怎么推动当时的发展并最终导致形成某种类似于现代科学的东西至关重要。正是由于这类研究，我们现在才得以明白，绝不要把科学史仅仅说成是一部重大观念的历史，一系列深邃见解交替更迭的历史。我们要想形成一种全面的理解，就得认识到尽管在有关天文学、数学、物理学的思想史研究中，或者在有关培根、伽利略、波义耳和笛卡儿这些"大思想家"的研究中，往往强调的是较抽象的哲学思维 [这包括推荐书目里的 2, 3, 82, 90, 185, 228, 229 和 246；这些著作不应当被摒弃，但一定要结合一些最近的研究著作来看]，但是各种实践者进行工作的方式，在现代科学的发展中也同样是一个很重要的因素。这些话题在下文的适当位置还会说到，这里只提几个例子。

最近有一些特别重要的科学史研究清楚地指出，数学方面的实践者们与研究和教授自然哲学的大学教授是多么的不同和独立。所谓数学方面的实践者，不单包括在大学体系以外进行研究的，如测验人员（surveyors）、军事工程师等，也包括在大学里工作的，如天文学和占星术教师[681; 10, 15, 43]。又有大量的科学史研究指出，数学研究的实用价值是如何在文艺复兴时期开始被认识到的，而这反过来又意味着数学家的社会地位获得提升，甚至也能享有以前只赐予自然哲学家精英的荣耀[18; 319]。结果，自然哲学原本是纯粹思辨的和定性的，也变得越来越实用和定量，因为数学家们已表明他们的研究与对自然的理解是相关联的。在这个历史进程中，自然哲学本身完全被改变了；但要理解这场变革，不能只从新观念这方面来看，因为在很大程度上这场变革发生在实践方面，发生在如何开展自然哲学方面。也许，牛顿的《自然哲学的数学原理》就是这一变革的集大成之作。就连书名也可算作一个号角，提醒当时有文化的读者：该书作者所要说明的是，自然哲学要以数学的原理为基础，不再像以往那样把自然哲学与数学视为不相往来的。但也要看到，通过以数学家的方式做事，牛顿发展出了一种不同的自然哲学——正是在这种自然哲学里才可能有意义地（即以数学的方式）探讨一种能够在遥远的虚空中运作的"力"（即引力），纵然传统的自然哲学家们会觉得，所有关于超距作用的探讨根本就是胡扯[145; 146]。

同样，最近还有研究表明，炼金术在传统自然哲学变革成为一种更切近现代科学的东西的过程中起着重要作用。同样，问题不仅仅是将炼金术的观念引入自然哲学，而且坚持认为炼金术的操作程序提供了发现物质本性的唯一明确的手段，从而也是理解物质世界的唯一适当的基石。其结果是，通过炼金术实践建立了一种新的物质理论，而这必定意味着一种新的自然哲学。与数学的情形一样，这些方面的发展都归功于实践者们的贡献。不过，只有培根[247; 248; 117; 150]、波义耳[238; 239; 220; 40]和牛顿（他既是一位数学家，也是一位炼金术士）[320; 77; 78]这些有炼金术倾向的重要自然哲学家做了修正以后给出的假说，才是这类贡献的高峰。

甚至还有研究指出，广大工匠和技工也通过他们做事情的方式，让其他人形成一种更有实践取向地进行自然哲学研究的新方式。特别要提到的是，实验方法作为科学革命的一个主要特色，正是从各种手工艺操作里发展出来的，尽管还并不很清楚日常实践技巧究竟是怎么激发出实验研究的[331; 332; 287; 12]。不过，我们很容易看到，文艺复兴时期艺术家们努力发展几何透视法这种用二维来再现三维世界的技术，可能推动了数学家去说服自然哲学家承认，数学能够揭示自然世界的面貌[96; 222]。同样，艺术家们在描摹植物和动物时对现实主义手法的追求，大概也影响了那些关注自然史的人的态度[222; 7]。

这些领域的历史研究仍在不断涌现，更不用说涉及医学从业者所起的作用[25; 29; 30; 49; 51; 71; 74; 251; 307; 311; 414]，以及当时所谓"自然法术"的实践者[53; 54; 122; 126; 139; 146; 150; 153; 252; 312]的研究。由此可以看出，现如今科学史不只是一部理论发展的历史，还是一部技巧与实践也取得进展的历史。很明显，事情一定是这样。毕竟，现代科学依靠抽象的理论概括，也依靠实验技术以及其他专业技术。正是由于这类实践技能与步骤很重要，理论家们的思辨往往要等待实验者的印证，方可宣布站得住脚。如果我们所关注的就是通过了解现代科学的历史来理解其本质，那么我们就必须看清楚理论与实践的这种成果丰富的同盟最早在哪里出现。与科学的其他很多方面一样，这个同盟最早是在科学革命中出现的。

第二章

文艺复兴与科学革命

　　剑桥大学著名史学家赫伯特·巴特菲尔德在写完现代科学的起源史以后激动地说，科学革命标志着"现代世界以及现代精神的真正起源"。他还说，科学革命的历史重要性是如此之大，以至于盖过"基督教诞生以来的一切"，压得文艺复兴和宗教改革"只能算作插曲"[33: viii]。鉴于科学在现代西方文化中压倒性的重要地位，也就不难明白他想说的意思（尽管在巴特菲尔德以后数十年间，科学不再是如此不言而喻的"好东西"，我们也不再像他这般地对科学富有热情）。但也不难看到，他在接着说科学革命让"我们通常对欧洲历史所做的断代划分……显得是一种时代误置和妨碍"时，未免说得有些过。从历史的角度来看，巴特菲尔德显然有本末倒置的危险。

　　不可否认的事实是，要想找寻科学革命的起因，必须到欧洲历史出现翻天覆地大变化的著名的文艺复兴时期那些广泛变化当中去找。解释科学革命，必须关联文艺复兴来谈。科学革命像宗教改革一样，可被看作，也应被看作文艺复兴诸多结果之一。因此，巴特菲尔德确实错了，竟然为了突出科学革命的无可否认的重要性，就认为我们关于历史的断代划分需要重新调整。

　　文艺复兴连同其主要的衍生物，即科学革命、宗教改革，是这样的一个历史事件，或是这样的一系列事件：

其产生的原因如此之多，以至于根本没有办法准确解释。依据研究文艺复兴的史学家们的研究成果，一份全面的解释会包括以下内容：罗马天主教会和所谓神圣罗马帝国越来越不能够给精神生活组织和物质生活组织提供必要的稳定性；城邦、地区性公国和民族性公国的随之兴起；地方封建司法权的崩溃。经济方面的变化带动城市生活的兴起，带动以私人资本为基础的商业的发展，出现银行体系的雏形。文艺复兴也是欧洲向外扩张的时期，当时发现并且开发了新大陆以及欧洲以外的其他地方。这除了对持续的经济和政治方面的权力斗争产生影响以外，还催生了文化相对主义意识——意识到别的地方的风俗、习惯、信仰和相应的物质生活环境也可以像基督教文化一样是文明的。然而，地理大发现的那些航行之所以成为可能，要归功于罗盘的发明。罗盘是使文艺复兴成为可能的三大发明之一，另两个发明是火药[242: 289—292]和活字印刷术[55: 第1章; 69; 73: 第1章; 85; 177]。

这些变化都是很具体的，其影响也很明显。常有人说（尽管现在看起来有值得商榷之处），正是基于这些变化才有了一种越来越强烈的个人认同和社会认同。确实，在绘画方面我们第一次看到了写实的肖像画，有自画像，也有画别人的画像。甚至在文艺复兴时期有些关于耶稣降生的名画里，牧羊人的形象很明显是取自当时实际的人，与中世纪绘画对牧羊人及其他人物所做的刻板描画有很大区别。在知识分子中间，社会认同还激发了越来越强烈的对于历史的兴趣，尤其是要把自己定位为古罗马（甚至古希腊）荣光在智识方面的继承人。最先从意大利城邦开始，一群知识分子投身于他们所谓的"人文研究"（*studia humanitatis*），即关于人文学科（humanity）的研究当中，专注于人已取得的成就以及人所具备的潜能。他们的兴趣点是复苏古人的智慧；他们认为古人的智慧没有被超越，而且对于很多人来说不可能被超越。有些人有计划地浏览欧洲各修道院藏书，找到很多古代文本，修道院里的僧侣只是珍藏着，并没有读。借助印刷机，这些新发现的手抄本在欧洲范围内得到保存并传播开来（实际上，我们如今所知悉的全部古代著作都是文艺复兴人文主义者们找出来的）。人文主义学术的影响是难以估量的。人文主义者关注"人的尊严"，强调"主动的生活"（*vita activa*）的重要性，活着是"为了公共的善"（*pro bono publico*）。他们觉得这种生活要好于"静思的生活"（*vita contemplativa*），传统经院教育讴歌的却是后者 [6; 55: 24—37; 69: 30—33]。他们原本关注的，是文学作品。他们觉得文学作品有益于提高修辞技巧以及公民生活需要的其他技能。但很快，他们把注意力放在哲学甚至古代数学著作上 [55: 51—59; 69: 45—48]。

14

要理解人文主义学术的冲击，有一个简单的办法，那就是结合当时全欧洲范围内大学艺学系（arts faculties）讲授的传统亚里士多德主义来看它的影响[124]。人文主义者发现了诸如第欧根尼·拉尔修（Diogenes Laertius，活跃于公元 2 世纪）的《名哲言行录》（*The Lives of the Philosophers*）、西塞罗（Cicero，公元前 106—前 43）的《论神性》（*On the Nature of the Gods*）之类的作品，于是亚里士多德诚然是中世纪哲学方面的至高权威，却并非唯一的哲学家，甚至并非古人最推崇的哲学家。此外，其他哲学家的作品也被发现，如柏拉图（Plato，公元前 427—前 347）、新柏拉图主义者（Neoplatonists）、斯多葛派（Stoics）和伊壁鸠鲁派（Epicureans）等，无处不在的亚里士多德主义有了丰富的替代选项[55: 第3章和第4章]。在新复苏的古代哲学里，柏拉图创办于雅典的备受推崇的"学园"（Academy）后来发展出的怀疑论也位列其中。兼容并蓄各种古代哲学中最好的内容，这种做法在道德哲学和政治哲学领域有了收获，在自然哲学领域则不太成功。因此，一个选项就是放弃亚里士多德，追随柏拉图，或者追随别的古代哲人，但没有哪一位古代思想家得到普遍认可。在有关数学和法术的古代作品被发现以后，情况变得更加复杂。亚里士多德贬抑数学的地位，但柏拉图明确说数学是获得特定知识的极好手段。

很快，数学得到更严肃的重视[174]。同样，古代法术作品的发现，如扬布利柯（Iamblichus，250—330）、波菲利（Porphyry，234—305）以及其他人，尤其是那些归给据说与摩西同时代的古代哲人赫尔墨斯·特利斯墨吉斯忒斯（Hermes Trismegistus）的作品，表明当时的重要知识分子认为法术也是一种至为古老的智慧形式。于是，法术被认为是一个备受尊崇的研究领域，尽管教会一直都在拒绝这一点[教会之所以始终拒绝法术，是因为法术总关联着妖术（sorcery），或者与召唤恶魔有关][53; 54; 150: 第7章; 29; 31]。

如此多的古代思想选项，汇合成一盘很有威力的智识大餐。其中一个结果是，在文艺复兴时期，传统的亚里士多德自然哲学在智识方面的权威逐渐式微，取而代之的不仅有新的自然哲学形式，还有关于怎样最好地发现并明晰地建立知识的新构想。权威越来越被看作有误导性，或者是不可靠的。那些作为选项的哲学体系的繁荣发展，包括怀疑论，也包括那些非哲学的路径（如法术和数学），大有压倒对知识的追求之势。由此出现一个深远变化，即越来越多地强调个人对真理的发现应出自个人的经验和努力。

新教改革的有些方面其实可被看作这种文艺复兴新态度的表现。马丁·路德（Martin Luther，1483—1546）

拒绝的，不只是教皇的权威，还包括地方神父的权威。他开创"信徒皆祭司"之说，鼓励新教徒自己去读《圣经》以领会上帝的旨意。乍看起来这只是重新确认《圣经》的权威，实际却是全新的东西。罗马天主教徒是不许自己读《圣经》的，必须请神父来引导。路德指出神父的权威是腐败的，他敦促个人自己去寻找真理。其办法是回到源头，回到《圣经》。在 16 世纪人们都在说自然界是"上帝的另一本书"，由此不难看出宗教改革与科学革命在这方面是平行的。确实，这些平行的发展实际也是有联系的。宗教改革的领导者们虽然勉励信徒自己读《圣经》，却也强调说信徒不可以把种种古怪的理解强加给圣书。改革者们拒绝罗马天主教会的标准解经成果（这些解经成果旨在强迫读者奉行某种特定观点），主张一种平易的、字面的读解。彼得·哈里森（Peter Harrison）有力地指出，这种读解《圣经》的新方式还被信奉新教的自然学家用在对自然之书的读解上。以前都是从隐喻和象征的角度看待自然世界，现在则从平易的、没有粉饰的角度看待。新教徒这种读解《圣经》的新方式，开辟了一种看待自然世界的新方式[140]。科学革命的代表性特征之一，正如我们将要看到的，就是一种对经验和观察的全新的强调，将之作为发现真理的一种手段。这一点我们已经司空见惯，因此很难想象曾有过一个时代，经验与观察屈居权威之后，看事物的方式要取决于权威。但毫无疑问，文艺复兴和宗教改革时期的诸多变化导致的一个结果是，催生出一种新的实验路径或者经验论（empiricist）路径以理解自然世界 [55: 第5章; 69: 第2章; 140]。

文艺复兴时期出现了其他新的阅读、写作的方式。印刷机使得传播新发现的古代作家的作品成为可能，亚里士多德这尊旧权威越来越多地被拒绝，文艺复兴时期自然哲学家们开始写作各种各样的著作。以前，大学里有雄心的自然哲学教授所追求的，是写一部关于亚里士多德著作的评注以夺得声誉。评注不外乎就是重新编辑一下亚里士多德的某部著作，不断打断文本，加入疏解，从各个角度解释、批评或者捍卫亚里士多德的立场。等到其他古代哲学家的著作也流传开来时，这种书写形式便越来越不合时宜。因此，这时开始有了哲学教材。教材不再跟着亚里士多德亦步亦趋，而是围绕特定主题，结合很多古代作家有关该主题的阐述来得出自己的结论。慢慢地，哲学教材的作者们又依据自己的经验和观察在诸多古代选项间做取舍。很快，除了探讨古人的思想以外，一些著名当代作者的观点也被讨论。这也许不很明显，但自然哲学教材的发展确实是一场小型革命。亚里士多德著作的评注容纳不了新思想的发展，而新的教材模式无论探讨的主题是什么，总是正面地在鼓舞新的路径。进而，它为作者们铺平了道路，使他们连教材模式都放下，直接给出自己有关某一特定主题的观点，甚至还有更有抱负的，会对整个学科提出新的见解，或者给出一个全新的哲学体系 [270; 85; 177]。

科学革命的又一个显著特征是，关于自然的知识应该有益于人类生活的改善。正是出于这一点，数理科学和法术技艺才得以被重新强调，因为它们的主要目标向来就是要实际地有益。不过，这种对实用事务的新兴趣，其实是文艺复兴人文主义者强调主动的生活、强调为公共的善而活的直接后果。数理科学（如天文学、光学和力学）、各种法术技艺（如占星术、炼金术和交感法术）并非文艺复兴时期新出现的。相反，它们贯穿整个中世纪 [79; 82; 186; 188; 192; 232; 221; 294; 296]。然而，当时并不认为它们是自然哲学的合法部分，因为自然哲学是在大学里教授的 [124; 174; 21]。法术与数学当时与自然哲学基本上是绝缘的，除个别特例外，从事者的群体也各自为政。正是由于人文主义者强调知识要有用，数学、法术同自然哲学之间的界限开始变得模糊。不过，即便是人文主义者，也不一定会认可这些中世纪技艺的价值——要不是他们想着去发现这些技艺在古代的渊源 [174; 53; 54]。真正重要的是古代的著作。

因此，主要凭借着人文主义者的改革理念，我们来到科学革命的起源处。科学革命最显著的三个方面是：越来越多地运用数学来理解自然世界运作的方式；全新地强调观察和经验在发现真理方面的作用；还有一个广泛流传的新假设（以前只有地位相对卑微的法术和数学方面的从业者坚信这一点），即关于自然的知识应该有用。这三个方面表明，智识生活方面取得的成就——至少在一开始的时候——是由于人文主义者的影响，应把这些成就看作出自那些使欧洲"文艺复兴"成其为欧洲"文艺复兴"的广泛变化。

第三章

科学的方法

通常认为系科学所特有的那种方法论的逐步发展与确立，一直被视为科学革命的组成部分。科学的方法有两个主要的基本内容：一是应用数学和测量，精确地测度世界及其各个部分是怎样运作的；二是应用观察和经验，在必要的情况下还应用人为构造的实验，获得对自然的理解。事实上，数理科学，还有经验与实验的应用，它们的历史都早于科学革命，中世纪就已经有了。不过，它们之前与大学里的自然哲学是截然分开的。因此，随之而来的故事并非新技巧的发明或新方法的出现，而是社会和文化方面的变化带动数学或工艺方面的从业人员社会和智识地位的提高。从前地位较卑微的科学与技艺，现在与中世纪大学里发展出来的精英式的自然哲学汇融。这种新的汇融，现在看来与现代科学是很贴近的。正是这种汇融的形成，才使得后来几代人要把这个时期看成科学革命时期。

一、世界图像的数学化

"自然的数学化"已被看作科学革命的一个重要内容，通常被归因于支撑物理世界所有概念的形而上学体系出现的一个重大变化——引入"柏拉图式"或"毕达哥拉斯式"看待世界的方式，将中世纪自然哲学的亚里士多德形而上学取代。最近的研究除给出很多的理由表明这种看法站不住脚之外，还给看待数学的态度发生转变提供了另一种解释 [142; 321]。简单地说，科学革命时期对待数学分析，不再是以前工具论的（instrumentalist）那种态度，而代之以一种更加实在论的（realist）看法。工具论者相信，数学推出的理论只是假设而已，目的是方便人们进行数学计算与预测。相反，实在论者则认为数学分析揭示出事情怎么就必定是那样；如果计算是准确的，这一定是因为所设想的理论确实是真的，或者接近于真的 [142: 140]。

文艺复兴时期数学家中这种工具论者与实在论者的差别，表明数学从业者的社会地位发生了变化。工具论立场是中世纪时期由精英式的自然哲学家强加给数学家的，自然哲学家基于他们那至高权威亚里士多德的学说而做出了这样的区分。在亚里士多德看来，自然哲学的目的是根据可理解的原因对自然事件进行解释。亚里士多德指出，数学分析给不出因果解释，因此也就无法胜任于自然哲学的目的。即便在数学分析似乎大有用处（哪怕不是真的必不可少）的自然现象里，比如天文和音乐（众所周知，某种程度上取决于数学比例），数学也被认为只是对所感知的自然现象给出一种技术性的描述而非解释。因此，在中世纪，数学被认为是一种劣等学科，比自然哲学低等；只不过是工具性的——一整套工具，只是有能力计算行星位置而已（在历法或者占星术方面有用处），但没有能力对行星如何运行给出任何真实的解释（因为这涉及对原因的探讨）[79; 174; 321; 68; 148]。自从亚里士多德哲学在文艺复兴时期越来越多地遭受抨击，有些数学从业者，甚至有些哲学家，开始认为关于事情究竟是怎么回事，数学也可以揭示重要真理[321]。

从哥白尼（1473—1543）的天文学里，人们能清晰地看到新出现的实在论。天文学作为一门"混合"科学，向来包括数学部分和物理学部分[79]。说到底，天文学家就是要让数学所假设的结构（提供计算行星及其他天体运行的方法），如旋转着的天球或各种不同的旋转圆周的组合，同亚里士多德宇宙论与物理学的要求相合。克劳狄乌斯·托勒密（Claudius Ptolemy，约 100—170）作为古希腊数理天文学（mathematical astronomy）的伟大综合者，按理说是一位实在论者，他的天文学体系在中世纪却越来越多地被视为一个假设性的体系，虽然提供了一个基础便于计算；但与亚里士多德体系不相容。托勒密努力给出数学模型对所观察到的行星运动进行解释，于是设想出一些天体，从而推出一些与亚里士多德物理学似乎不相容的假设。这种做法原本会使托勒密的思想被批驳，然而他的思想是天文学仅有的模型。因此，他们只好接受托勒密天文学里有益的东西，同时继续声明真正的天体体系一定如亚里士多德的宇宙论所描述的那样。结果便是天文学分成数学部分与物理学部分，分成天文学实用技艺与宇宙论科学 [321; 148]。

亚里士多德宇宙论认为，诸多天球完美地同心相套，其中唯一的运动是匀速圆周运动。但托勒密的数理天文学让行星循着本轮（关于本书所用专业概念，请参看本书文后术语表）运动，而本轮的中心又形成行星天球的又一个旋转圆周（均轮），以便对行星在速度和亮度上的明显变化以及行星的逆行运动（以恒星为参照，行星会周期性地与正常顺行方向逆行）部分性地给出解释。做出这些设计以后，要想与观察吻合，必须还要假设本轮的匀速运动只是相对于偏心轮圆心，而非相对于均轮圆心而言，或者说，并非相对于地球而言。这种围绕"偏心匀速点"进行的匀速运动容易从数学方面界定，但究竟什么样的物理机制可以解释这种运动，则一点都不清楚。毕竟，亚里士多德物理学把下面这一点当成公理：所有的天体运动都是自然的、不受外力作用的运动，天体的自然倾向是完美的匀速圆周运动 [186; 60; 82; 131; 318]。

托勒密的天文学还遇上一些更实际的难处。也许其中最难解决的问题是，直到 15 世纪末它仍然没办法确切地给出复活节的日期。哥白尼想解决这个问题，以及其

他一些实际问题，但他更进一步提出一个全新的天文学
体系，让太阳取代地球成为各行星（包括地球）围绕旋
转的中心天体 [186；148]。

目前已然有一种倾向，不想把哥白尼看作科学史
上真正革命性的人物，只视其为一位在本质上很保守的
思想家。比如，对于托马斯·库恩来说，哥白尼写出了
"一本掀起革命的书而非一本革命性的书" [186：135；亦可参
看45：123—125]。确实，喜欢罗列清单的人很容易把哥白尼
当作保守的。书写完后过了将近 30 年，他才终于被说服
将其出版。他几乎没做过什么天文观察（他并非革命性
地拥护经验论的那种人）；他没有对天球的地位公开表态
（他其实很犹豫，行星镶嵌其中的那些天球究竟是坚硬的
水晶球体，还是只是几何构造物） [参看321：112—116；79]；他
仍然相信一个有限的恒星天球，尽管按照他的理论这个
天球非常大 [60：99—100；148；87—93；185]。此外，他还拒绝接受
托勒密的偏心匀速点，其理由也很保守——偏心匀速点
悖逆了古人的信条，即天体运动必须是完美的匀速圆周
运动。在别的方面，他沿用托勒密的数学技巧（偏心圆
和本轮），譬如用本轮套着本轮解决一些问题 [82；185；186]。
他还回到古代思想家那里，想找到地动说的先例，果然
在毕达哥拉斯一派众多作者那里找到了 [186；148：4—10]。

即便如此，还是得像罗伯特·S. 韦斯特曼（Robert

S. Westman）指出的那样，必须把哥白尼看成天文学的彻底变革者，必须看到他是为天文学家赢得全新地位（跻身自然哲学家之列）的主要推动者之一[321]。哥白尼的划时代著作《天球运行论》（1543）的序言清楚表明，他细致地驳斥了工具论者的思路。因为他的日静体系既和托勒密的理论一样精确地解释了所有天象观察，又解决了一直都没有得到解释的行星周年运动成分（当然，这是由于地球运动的迁移），还在确定各行星的次序（这在托勒密那里是随意的）以及各自离太阳的距离方面给出了一个简单易行的方法，所以哥白尼相信他的体系在物理学方面肯定是对的。这样一来，哥白尼提出地动说，就不只是与亚里士多德物理学的整个学说、《圣经》以及常识进行对抗，他还使用了那些在大多数同时代人看来不能成立的理由。当时大多数人认为这类论断必须有哲学或者物理学方面的解释和正当理由，可哥白尼只是给出极其抽象的数学论证。哥白尼坚信，无论地动说与自然哲学有多么抵触，它都必定是真实的，因为数学所要求的就是如此。这一点是革命性的[321；148]。

紧接着我们就要问，哥白尼何以迈出如此大胆的一步？当然，我们回答这个问题，不可能只谈一个原因。这里涉及很多决定因子，我们的结论应把它们都体现出来。技术话题不能被忽视，但并不能解决整个问题。哥白尼作为天文学家和数学家无论多么优秀，都可能只局限于以假设的方式或只是工具性地给出他的理论。事实上，大多数知道他这本书的人认为，作者所给出的只是一种合乎工具论的天文学。对他们来说地动说的提出不必当真，只是为了帮助进行天文计算。这是当时看待哥白尼观点自然而然的方式；那篇作者匿名的序言也强化了这一点，它被加进哥白尼的书里，置于哥白尼本人的序言之前。路德宗牧师安德烈亚斯·奥西安德（Andreas Osiander，1498—1552）负责监督哥白尼的《天球运行论》的刊印过程（哥白尼此时年岁已高，无法监督书的出版），自作主张地（没有得到许可）加上这篇序言，指出天文学家的责任是帮助计算，哪怕所用假设"不是真实的，甚至连可能的都不是"[321；148]。

由哥白尼并非恪守工具论这一点来看——尽管奥西安德以为他恪守——应把他看作数学从业者（也许还有人文主义同路人）当时那种普遍倾向的一位参与者，他们倾向于提升该行业的智识和社会地位[321；18]。关于该倾向的产生，原因很多而且复杂，其中必须包括人文主义学者发现古希腊数学著作，这为主张数学本身的统一性，主张数学作为一种指出真理的手段的有用性和确定性提供了新的资源[18]。主流的亚里士多德自然哲学逐渐失势，也刺激了替代性观点的出现，不仅出自专业的自然哲学家（大学里），还出自执业的数学家、内科医生或者其他人。文艺复兴时期欧洲宫廷结构的变化也起到重要作用，至少带动一些数学从业者的地位提升 [18；19；87；190]，使他们无须受困于大学体系里的限制。例如大学体系中有严格的学科与子学科的等级制度，其中"混合"数理科学的地位低于物理学。

然而，若只把哥白尼看作一位如此变化潮流中的顺流者，那就错了。他在完全基于数学的理由坚持自己的理论是自然真理的同时，还为当时这场仍不安全的运动的最终胜利做出很大贡献，而非只是微不足道地参与。只要我们注意到当时大多数天文学家同意奥西安德的立场，把哥白尼的体系只当作计算行星位置的一种方法，哥白尼的独一无二之处就会显而易见。韦斯特曼纵观当时整个欧洲，得出结论说，在公元 1600 年之前只有 10 位思想家认可哥白尼的理论是自然真理 [321；136]。有趣的是，这 10 位思想家里只有 2 位终其一生都在大学体系里从事学术研究，且都是信奉路德宗的德意志人，受路德宗著名神学家菲利普·梅兰希顿（Philip Melanchthon，1497—1560）重要教学改革主张的影响 [321；120—121；189]。路德安排梅兰希顿改革大学教育；两人观点一致，都认为经院的自然哲学助长了腐朽的天主教义。相应地，梅兰希顿很重视那些具有实用价值的科学。天文学就是其中之一，它对于占星术这门实用技艺而言当然至关重要（当时占星术是医疗培训的一项基本内容，能帮助对病情的预断；梅兰希顿还认为占星术有益于证明上帝天意的真理）[79; 189]。

"世界图像的数学化"接下来的历史，仍然重复着同样的关键主题。重要的革新者们所关切的，还是数学在认识论方面的地位。丹麦天文学家第谷·布拉赫（Tycho Brahe, 1546—1601）就是这样，他可是当时最好的观测天文学家。像哥白尼一样，第谷也摆脱了大学里学科等级制度的束缚。作为一位真正意义上的贵族，他至少在一段时间内不曾受制于对赞助和支持的寻求。他不接受地动说，并给出了另一个体系，主张所有行星围绕太阳旋转，太阳又围绕着静止的地球旋转（显然是对托勒密与哥白尼观点的折中）。不难看出，第谷是一位数学方面的实在论者，但他将观察结果——1573 年的一颗新星（显然就是我们现在所说的超新星），以及 1588 年众多新出现的彗星——公开发表时，他的工作还是第一次在自然哲学家中间引起了争议[60: 137—146; 82; 295]。按照传统的亚里士多德主义，天界应该是完美的，不会有什么变化，因此那颗新星带来了问题。问题还变得更复杂，因为第谷根据 1577 年、1580 年、1585 年的观察坚信彗星是月上界的现象，一颗彗星与地球的距离至少 6 倍于彗星与月球的距离。

以前，按照亚里士多德的学说，彗星和流星被看成大气现象（顺便提一句，这就是我们今天仍然用"meteorology"①一词来表示气象学的原因），第谷却证明了并非如此。第谷进一步闯进了自然哲学领地，指出彗星以这种方式划过天空，必定要打破他视之为中世纪教条的水晶天球。在中世纪时期，亚里士多德式宇宙里的天球被认为是物质实体，由地上没有的第五元素或以太构成。中世纪哲学家们经常提到天球是"坚实的"，其实只是想说天球都是实在的或者物质的。然而，第谷却说他们认为天球是由一种看不见的、像透明水晶一样的坚硬物质构成的。这一误读使他能够以一种相当引人注目的方式展示他本人关于彗星的观察。自此以后，行星都必须独立地在空间里飞行。这一观点的内涵是很丰富的。从围绕着自己的轴旋转的天球角度来设想天体运动，是一回事——这种运动没有任何位置的变化（比如"火星天球"就是一颗完全围绕着世界体系之中心旋转的天球，这个天球围绕着一根轴旋转，火星作为天球的可见标记

---

① 英语 meteorology 的词源是古希腊语 μετέωρος（拉丁字母转写为 metéōros，意为空中、大气中间，而表示流星的 meteor 一词亦与之同源）。——译者注

随之一起旋转）。而把行星看作独立的天体，切实地穿越了广袤的空间距离，则是另一回事。尽管天球的自然本性是无须驱动力而围绕自身旋转，但自由运动的行星的持续运动，似乎还需要更进一步的解释[173; 321; 295; 79]。

开普勒毫无疑问是最伟大的哥白尼式的天文学家，也希望天文学家能够被视为自然哲学家，而他为第谷的正式辩护（关于优先权争论）正是以此为重要主题。为了赢得第谷的帮助，他一定要与这份辩护[173]。此外，完全可以说，如果开普勒不是数学方面的实在论者，如果他不曾抱着天文学家一定也是自然哲学家这样的信念，那么，他在天文学方面就不可能做出那些贡献。在1609年的《新天文学》一书里，开普勒指出行星不仅以椭圆轨道围绕太阳旋转（太阳位于椭圆的一个焦点），而且行星的运行速度也不断地变化，接近太阳的时候越来越快、远离太阳的时候越来越慢，并且他还针对这些运动提出一种物理学的解释。实际上，《新天文学》的完整书名（*Astronomia Nova Aitiologetos, Seu Physica Coelestis*）已表明，它要"基于一种有关原因的理论"提出一种"天界物理学"。开普勒借此明确地表示，这门天文学并非抽象的数学，用于实际计算，而是针对世界体系真正运作的方式提供一种物理学的解释。开普勒又在一定程度上受到威廉·吉尔伯特（William Gilbert, 1544—1603）

"磁哲学"以及新柏拉图主义"光的形而上学"传统（与几何光学的数学传统紧密相关）的启发，提出行星（包括地球）拥有某个类似于磁轴的东西，因此行星能在空间里持续保持相同的方向，并且交替地被太阳吸引与排斥（要是我们把太阳想象为其中的一个磁极）。然而开普勒坚持认为"磁力"只是真正在起作用的那个力量的一种表现而已，太阳的"光"是他所关注的那个力量的另一种表现[185: 185—224; 288; 199]。近年来有研究表明，开普勒之所以坚信椭圆轨道，是由于它相洽于他的这种物理学解释。他完全能够找到很多可供替代的几何图式，都可以很好地解释第谷观察到的事情，可他还是走上了用物理学的原因来解释几何的道路，这使他得出了我们现在都很熟悉的行星运动的前两大定律[288; 185; 199]。

从哥白尼到开普勒，天文理论方面的一个重要变化是，人们越来越多地认识到亚里士多德式的对于月下界现象和月上界现象（天体现象）所做的截然区分（比方说，月天球以下的自然运动都是直线运动，天体的自然运动则始终是圆周运动）不再可行。在哥白尼那里地球不再是宇宙的中心，由此也就无所谓上与下，无所谓什么月下界的自然运动。在哥白尼的体系里，只有圆周运动似乎是自然的。此外，天球的解体也带来很多问题，比如，究竟是什么让行星在运动。回应这一挑战的，并非只有开普勒，还有吉尔伯特[149]、伽利略[283]、乔瓦尼·博雷利（Giovanni Borelli，1608—1679）[185]、伊萨克·贝克曼（Isaac Beeckman，1588—1637）、笛卡儿等[2; 316; 118]。最后还是牛顿《自然哲学的数学原理》（1687）赢得普遍接受，正确地解决了问题[316; 319; 132]。

可是，数学的新的运用，即不只描述而且还解释自然世界的运作，并非仅局限于天体领域。贸易的增长、殖民活动的开始，以及随之而来的探索冲动，使得实用性的数学技术（譬如航海、测量和制图）越来越受重视，一些重要知识分子也产生了兴趣，有些原本低微的从业者的社会和智识地位也得到提高[12; 13; 15; 56]。（地界）力学这门数理科学（可进一步分为静力学、流体静力学和运动学），也在我们这个时期出现显著变化。同样，要理解这些变化，我们必须把技术方面的发展同数学家们社会地位的重要改变结合起来看。军事领域的革新，特别是针对敌人炮攻而想出的绝好办法，即修建抵御炮攻的棱堡（bastion），还有各种民事工程规划，比如土地开垦、港口建设、运河修建，甚至只是为着财政目的的测量，等等，都是重要原因——不仅促使现代早期欧洲数学家们地位提高，也促使贵族阶级成员对数学产生越来越浓厚的兴趣[18; 190; 181]。

欧洲当时的专制国家越来越多，宫廷的性质及结构也出现变化，这给数学家们带来了受重视的机会。那些给假面剧制造奇技（*mirabilia*，精妙的机械或者设备），或者做出其他有助于提升王侯形象的事情，从而给王侯留下深刻印象的数学从业者，可以跃居只参与管理的官员之上。这些数学家既然在宫廷里有这样的位置，就很容易蔑视大学体系里仍然盛行的数学家与自然哲学家在等级上截然有别的情况。因此，乔瓦尼·巴蒂斯塔·贝内代蒂（Giovanni Battista Benedetti, 1530—1590）辞去在帕尔马（Parma）的奥塔维奥·法尔内塞（Ottavio Farnese）公爵宫廷里担任的数学家职位，到都灵（Turin）的萨伏伊（Savoy）公爵身边当哲学家。与之相仿，伽利略在大学里当教授时是一位报酬很低的数学家，被期望服从于地位更高的自然哲学家；而在商议自己在科西莫·德·美第奇（Cosimo de'Medici）宫廷里的职位时，他所要求的正是哲学家的名号，并且也确实得到了这个名号 [18; 19; 参看215]。很显然，只要成了哲学家，就会有更多的荣誉，但至少，数学家们已有可能被认为配得上哲学家的名号。

文艺复兴时期人文主义者的发现和编辑工作，如阿基米德、帕波斯（Pappus）、亚历山大里亚的希罗（Hero of Alexandria）的著作以及一系列以前错误地归给亚里士多德的作品所谈到的力学问题，又激励了一种更大胆的态度（或者使之变得有可能），即支持那些具备数学专业知识的人把这些著作用到实践里。我们看到在整个 16 世纪，从事地界力学的数学家们并不满足于自己的工作只局限在描述的层面，或是仅仅作为那正在失势的传统亚里士多德主义自然哲学的附属品。尼德兰的西蒙·斯台文（Simon Stevin，1548—1620）、意大利的尼科洛·塔尔塔利亚（Niccolò Tartaglia，1500—1557）[76; 181; 65] 等都在著作里反复地说，大学里的自然哲学教授们所认为的理论与实践截然两分，根本就是站不住脚的。

　　当然，这场运动最重要的人物当数伽利略。他辞去大学体系里受压制的数学家的职位，到科西莫·德·美第奇宫廷里担任自然哲学家，这样做现在被认为是出于他的科学雄心。而这一变动也确实给他的科学工作带来很大的影响 [19; 69: 第 4 章; 196]。尽管伽利略最有名的举动是为哥白尼的理论辩护，但他的兴趣主要是地界力学，尤其是运动学。与同时代许多人一样，他不满意于亚里士多德主义对运动的解释，想给出一个更好的理论。在他整个生涯里，举例来说，他对自由落体的论述，不止步于完善亚里士多德关于物体下落速度与重量成正比的信条，这更使他认识到自由落体的加速度对于所有物体来说是一个常数（在真空状态下）。他还证明了抛物体的抛物线轨迹，采取的办法是假设这是一个物体的自然

27

运动（物体的自由落体），而不考虑抛出物体时它所受的强加的或非自然的运动，这又与亚里士多德主义者们相反。对于亚里士多德主义者来说，抛物体沿着被抛出的方向直线运动，直至这种非自然运动的原因停止，物体才向下按照落体的自然运动直线落地。伽利略的抛物线轨迹来自两种运动（自然运动和非自然运动）同时作用的结合 [81；282；131：第4章]。两种运动可以同时作用这一提法，也帮助伽利略解答了各种对哥白尼理论的质疑。他强调一只球从塔上垂直落下，并不会落到塔的西边，纵然在球下落的过程中地球在向东旋转。球还是会跟着塔，因为它与塔以及地上其他所有事物一样做着相同的圆周运动。

伽利略另外一个运动理论，是为了解释地球围绕太阳转的运动。伽利略作为哥白尼的坚定追随者，渴望证明自己是一位自然哲学家。他努力地解释像地球这样重的物体是怎么保持永恒运动的，这也是哥白尼理论面临的一个重要难题。按照亚里士多德的思想，所有运动的事物都是受某个事物的推动。那么，究竟是什么推动地球在运动呢？前面说过，开普勒依据磁与光而以类比的方式推导出一种作用力，伽利略则直接否定了亚里士多德有关运动需要一个持续原因的假设。伽利略的《关于两大世界体系的对话》（*Dialogue on the Two Chief World*

Systems，1632）一书里有一段精彩的内容：光滑的球在没有摩擦的斜面上，其下坡时会不断地加速，上坡时则会不断地减速；而在完全水平的平面上，这个球将既没有加速也没有减速的趋势。因此，一旦在水平的平面上运动起来，这个球就将以相同的速度无限地向前滚动。不过，这里所说到的水平平面是一个其所有部分与地球中心的距离相等的平面，要是真正伸展开来，这实际是一个环绕着地球的球面。因此，伽利略也就可以假定，就像一个铜球在一个完美的圆上可以永恒地围绕着地球运动那样，地球本身也可以永恒地围绕着太阳运动。当然，假如有人说行星不是以完美的圆，而是按照椭圆运动，有时接近太阳，有时又远离太阳，这个说法很容易就可以被驳倒。由此也就不难理解，伽利略何以从来都不看重开普勒的天文学结论（开普勒在 1609 年出版的《新天文学》一书里其实已经提出了行星的椭圆轨道）。伽利略那本重要著作的书名所说的"两大世界体系"，是指托勒密体系和哥白尼体系 [283]。

至于第谷的折中体系（所有行星围绕着太阳转动，太阳则围绕着静止的地球转动），伽利略则将之排除，纵然它与伽利略早先用新发明出来的望远镜所取得的各种天文发现完全契合。在 1610 年出版的《星际讯息》里，伽利略摆证据指出，月球与地球在构成上是相同的（有山，有谷，有海，等等），并非一个由地球上没有的第五元素（这种元素的自然运动是圆周运动）构成的在质上完全不同的星球。其内涵很清楚：既然月球，哪怕它是由成吨的土与水构成，也能围绕着地球运动，那么地球为什么就不可以围绕着太阳运动呢？地照（earth-shine）现象是伽利略从月球的暗面很模糊地观测到的，这表明地球与行星并没有什么不同，地球并不发光。围绕着木星也有很多卫星，这也是伽利略发现的，表明每个行星（不只是地球）都可能有自己的卫星（一个或多个），都可以在不失去卫星的情况下在空间里运动。随着无数裸眼看不到的星球被发现，后哥白尼时代的人还清楚地看到，并非只有天球的范围里才有恒星，无限的空间里到处都有恒星。这些发现，连同后来有关太阳黑子的发现，给亚里士多德主义的相关信条带来了不可挽回的打击。

29　不过，这些并没有打击到第谷的模型，即使再算上金星也像月亮一样显示出相位这一发现 [108; 292]。

　　伽利略当然是一位全能型的富有创造力的思想家，但也有研究表明对他而言，前辈们的成果起到了重要作用，包括较年长的数学家，如尼科洛·塔尔塔利亚或者圭多巴尔多·德尔蒙特（Guidobaldo del Monte，1545—1607），也包括提出冲力理论以解释抛体运动的中世纪思想家们，还有耶稣会罗马学院（Collegio Romano）的教

授们 [306]。伽利略的研究方法与当时其他数学家相比并没有什么新的东西，根本上都是数学分析与实验调查相结合 [283; 参看13]。但是，他强有力地把自己的思想公之于众，在传播专业观念方面又特别在行。他的主要著作都是用意大利语而非学者们所用的拉丁语出版，并很快被翻译成其他欧洲语言。也许，就像加里·哈特菲尔德（Gary Hatfield）最近指出的那样，伽利略对科学发展做出的最重要贡献在于，生动地示范了用数学的方法理解自然是有用的，而且是成功的 [142: 139]。即便在数学分析与物理实在只是大致吻合，数学以理想的、不可实现的情境为基础的那些情况下，伽利略始终在做的一件事情是，在其著作中用案例展现数学实践如何有助于我们理解世界的本质。

在推动自然哲学数学化方面同样做出重要贡献的，还有耶稣会士们孜孜不倦的教学活动。在他们所谓的"学习阶梯"（Ratio studiorum）里，数学的地位很重要。耶稣会士给予数学重要地位，表现为他们把数学与物理学或者形而上学一起放在学生阶段的倒数第二年或者最后一年教授（而不是列为预科科目教给层次较浅的学生）[144: 101—144; 68; 191: 第2章]。耶稣会教学实践的重要性是毋庸置疑的，耶稣会学院里这种对待数学的态度（这当然是我们前面说到的那一普遍倾向的表现）不可能不让学生们觉得数学在理解世界方面是很重要的。

耶稣会至少教出两位著名学生，对世界图像的数学化做出重要贡献：马兰·梅森（Marin Mersenne，1588—1648）和笛卡儿。梅森1611年加入"最小兄弟会"（Order of Minims）成为修士，在修会的支持下毕生从事学问以佐证信仰。出于宗教信仰，他否定亚里士多德主义的基本假设，即自然原因可以明确地被获知。因为这无异于在说人类有能力像上帝一样参透事物的本质。不过，梅森并非怀疑论者，因此他把数学提升为最明确的知识类型，人类可以渴望通过它得到同样的神圣知识[65]。梅森积极推动自己的思想以及其他数学家的思想出版，而在推动全欧洲范围内重要知识分子之间的密切互动方面，他的表现更加积极。他找到一些志同道合者，并作为他们每个人的主要信息来源，把他们当前的工作告诉给有兴趣的人。当然，在做这些事情的时候，他不可能不夹杂着自己的理想，还有他自己有关数学对哲学具有重要意义的基本信念。

笛卡儿现如今主要是以哲学家闻名于世，但他最初是数学家，致力于音乐、光学和力学研究。1637年出版的名篇《谈谈方法》（*Discourse on Method*，其中提出了最有名的哲学论证"我思故我在"），其实是他为数学物理学方面三篇论文所作的一篇序言。那三篇论文（分别论述折射的正弦定律、彩虹的成因，以及如何用空间或几何术语来描述抽象的代数问题）被认为例证了序言所谈方法的力度和明确性[115；116；285；109；69：第5章]。笛卡儿依据这一方法得出一种新的形而上学，为一个新的物理学体系奠定基础，而这一体系随后又成为新"机械"哲学中最有影响力的一种（参看本书第五章）。尽管笛卡儿最终的体系较少用到数学，更多是思辨的、定性的，可毫无疑问的是，它是从笛卡儿早年对用数学术语来理解自然世界的关注里发展出来的[118；151]。

推动自然哲学数学化的重要人物列表，可以列得很长。伽利略事实上开创了一个学派，他的追随者们继承了他在数学物理学方面的研究，比如博纳文图拉·卡瓦列里（Bonaventura Cavalieri，1598—1647）、埃万杰利斯塔·托里拆利（Evangelista Torricelli，1608—1647）、乔瓦尼·博雷利[272]。低地国家①给更高层次的数学提供了肥沃土壤[50]。贝克曼就是一个生动的例子，表明在自然哲学中可以怎样运用数学。他没有发表过什么东西，他的工作却通过梅森，以及通过人际交往，为他人所知。贝克曼对笛卡儿早期产生了特别重要的影响[116]。尼德兰的数学物理学在克里斯蒂安·惠更斯（Christian Huygens，

---

① 低地国家指荷兰、比利时和卢森堡。——译者注

1629—1695）那里达到顶峰，通常都把他看作牛顿的重要先导［这是因为惠更斯提出的"离心力"概念清楚地表明，像行星所做的那种在弯曲轨道上的运动需要有一种力的持续作用，从而为牛顿断言惯性运动是直线运动，并拒绝那种说到底来自伽利略的挥之不去的观念（即圆周运动也可以无限持续下去）铺平了道路］。但还是不要过于"辉格"，最好把惠更斯看作这样的人物：他首先改进并完善了笛卡儿的机械论哲学（他发现笛卡儿的机械论哲学既欠缺数学根基，也欠缺方法论方面的根基），随后发展出一种与他所认为的牛顿的非机械式哲学完全对立的机械论哲学［328；316］。

牛顿《自然哲学的数学原理》（1687）一书，可被看成"世界图像的数学化"的顶峰。除了鼎鼎有名的观点，即行星围绕着太阳旋转与苹果落到地面上是同一种力量作用的结果，这本书还有很多其他内容。它从数学方面论证了开普勒的行星运动定律是真确的，并开创了现代的月球与彗星理论。它表明数学对于理解天界和地界都是有用的，并彻底地驳斥了亚里士多德主义对月下界和月上界的物理学的区别。牛顿的运动定律取代了笛卡儿的定律，为完整地理解物体碰撞时的表现提供了基础（包括斜碰撞，从而彻底驳斥了笛卡儿）。牛顿能够全面地处理离心力问题，并着手理解物体在有阻力的流体里的运动。后者使他发展出一种声学理论，即声音的速度受到传播声音的介质的压力和密度的影响。对机械论哲学（他和大多数同时代人都坚持机械论哲学）来说至关重要的是，他从数学方面论证了如何利用微观现象来解释可观察的宏观结果 [105; 132; 316; 319]。

《自然哲学的数学原理》的出版标志着自然哲学"数学化"（开始于 16 世纪）的完成。但也许，我们关于《自然哲学的数学原理》给出这样的评语，是因为牛顿（与伽利略或笛卡儿不一样）成功地使数学和物理学基本上正确无误。牛顿本人没有必要为数学方法辩护；他大可以放心地说，他这本书的读者哪怕理解不了其中的数学，也要承认数学在理解世界运行方面的有效性 [106]。在哥白尼和其他文艺复兴时期数学家提高了数学家的智识地位之前，有自然哲学，也有数学，可这两者在本质上是分开的、不同的。牛顿这本书的书名，那时候想都不敢想。及至 17 世纪晚期，关于自然哲学可以有数学原理的想法已得到认可。虽然这本书也遭遇了猛烈的批评，但没有哪一句批评是关于这一点的。这场仗已经打赢了——就这一点而言，牛顿登台之前故事其实已经讲完。17 世纪末数学家不再被看作给自然哲学家打下手，已跻身知识精英之列。

很能说明这一事实的，是胡克（1635—1703）所遭遇的轻视，尽管他说牛顿是从他那里得到了天界力学的主要原则。在 1679 年的往来通信里，胡克确实对牛顿说，假设朝向太阳的单一吸引力作用于切向运动的行星，就可以解释开普勒的行星运动定律。胡克甚至还说，这个力必须与太阳和行星之间的距离的平方成反比。现在同样可以知道的是，在与胡克此番交流之前，牛顿关于天界运动的描述完全是按照典型的笛卡儿式的思路，亦即两种力的平衡：一个是围绕着圆心旋转而产生的离心力，另一个是引力形成的向心力。在《自然哲学的数学原理》一书里，牛顿采纳的确实是胡克的假设[319: 382—388]。但当胡克想得到承认——承认这一观念是他提供给牛顿的——的时候，牛顿却强烈反对以下这种暗示：数学家只不过是给致力于观念的人打下手的"干巴巴的计算者和苦力"。胡克在朋友圈子里只找到一两位站在他这边，当时他的大多数朋友，甚至后来几乎所有的朋友，都觉得他的观念与牛顿依据精确的数学进行的工作相比委实太渺小。"发现是牛顿的，"史学家韦斯特福尔指出，"没有哪个了解情况的人会怀疑这一点。"[319: 448—452]信息是很清楚的：真正的自然哲学家也是数学家。胡克的遭遇其实是一个早期的例子，生动地表明了当时对数学物理学家的那种敬畏态度——今天仍然是如此。这本身就是科学革命在这方面的一宗重要遗产。事实上，现在有迹象表明，胡克的重要性后来还是得到了承认，但他永远都不可能被看作与牛顿这位数学天才相比肩 [14; 172]。

这里的目的只是解释科学革命。我们已清楚地看到，16 世纪至 17 世纪末兴起的这一用数学来理解自然世界的方法，使这一时期与之前的时期断然有别，并使物理学在构想方面出现重大变化。这当然算不上物理科学在现代早期的完整历史，更算不上数学的完整历史。另有很多重要因素，这里还没有谈到。倘要着重于几何光学的发展 [198; 250, 259]，甚或是音乐与和声理论（这或多或少也是伽利略、开普勒、贝克曼、笛卡儿、梅森、胡克、惠更斯、牛顿，以及其他我们不曾提到的相关人物都很关注的）[198; 43; 47; 80: 第2章; 8: 第1章; 95; 289; 121; 122]，仍然会出现类似的状况。还有太多名字是我们要提起的：从赫马·弗里修斯（Gemma Frisius, 1508—1555）到布莱兹·帕斯卡尔（Blaise Pascal, 1623—1662），从伊尼亚齐奥·丹蒂（Egnazio Danti, 1536—1586）到皮埃尔·德·费马（Pierre de Fermat, 1601—1665），从罗贝瓦尔（Roberval, 1602—1675）到莱布尼茨（Leibniz, 1646—1716）。也有太多主题被我们略过：矢量守恒和动量守恒的原则，关于不可分量的数学和微积分的发展 [129]。其中的每一个人物或主题，以及其他很多事情，都对科学革命做出了重要贡献。细致地研究它们当中的任何一个，不仅能进一步印证自然的"数学化"在科学革命中的作用，还能说明"社会语境"对于理解科学革命这一进程的重要性。"世界图像的数学化"，不只是一些数学天才的一种智力操练：它的出现是由于数学家宣称他们的实践可以对世界的真正本性提供一些有效的说法，也是由于有越来越多的思想家开始意识到，数学家及其实践也许能够像自然哲学家们一样提供很多的东西[321；68；79；148；12；13；15]。

二、经验与实验

数学家地位的提高，带动了数学地位的提高。数学家越来越有权威性，用数学的方法来理解自然也就越来越有说服力。数学家渐渐获得了以前在认知方面由自然哲学家独揽的权威性。数学家获得这种全新权威的办法之一，就是主张数学知识的确定性[174；173；321]。不过，这种主张是很容易引起争议，特别是在数学被用于主张某些难以置信的事情时，比如地球的运动。毕竟，数学是一个人为构造的体系，其主张的确定性是有条件的：接受了具体的公理以及其他规定，就不能不接受由之推演出来的各种结论。可是，公理以及其他前提，为什么与自然世界有联系呢？举例来说，一个负数乘以另一个负数总是得出一个正数的说法，是怎么跟事物实际的情况有任何联系的呢？此外，在经院哲学－亚里士多德主义的主流传统里，自然哲学的权威性主张都是以明证的、无可否认的经验真理为基础。可是，数学的主张明显都不是很明证性的。托马斯·霍布斯（Thomas Hobbes，1588—1679）是一个有名的例证。第一次看到欧几里得的一条定理以后，他就醉心于欧几里得几何。打动他的，并不是定理明显的真理性，而是定理那看上去完全不可能的特点。数学家要想确立他们理解世界的方法的有效性，得确立新的核定标准，以及新的权威原则[68]。

因此，数学从业者都成为实验主义新潮流的重要促成者。科学革命的一个代表特征是，由专为某个目标而设计的"实验"（experiments）所论证的知识概念，取代了作为经院自然哲学基础的自明的"经验"（cxpcricncc）。像数学证明一样，实验的最终结果往往是一些与直觉相悖的知识。

不幸的是，虽然已经有了一些具有很强提示意味的研究[12; 13; 68; 81; 191; 283]，但关于数理科学在实验方法形成方面所起作用的确切性质，历史研究仍然没有发掘出来。不过，大概可以肯定的是，数学从业者在实验方法的确立中起到了重要作用。

其中有一个很重要的方面，就是测量与量化在改变知识性质方面所起的作用。亚里士多德的自然哲学所关注的是质而不是量，其目的是用一些据信是原因的事情来解释自然进程。在这种重视质的做法里，很少或者根本就不要求对自然现象进行精确测量。如果数学家要表明他们那门看上去很抽象的科学与关于自然世界的知识之间有联系，他们就得论证，通过把世界量化，确实能了解一些事情。亚里士多德的宇宙论泛泛地谈论世界体系的结构。托勒密主义的天文学家们在重视对时空的测量的同时，也总是会指出亚里士多德相关论述中的不当之处，但长久以来这只是降低了天文学与预设的自然真理间的相关性。然而，对于哥白尼主义者来说，他们的数理天文学与他们那全新的日心说宇宙论之间的密切一致，只能意味着数学指向自然真理。那些关注更尘俗事物的数学家，甚至更经常地关注用数字或几何的方式来处理物质世界。于是不可避免地，精确测量最先越来越为数学家所推重，并帮助他们取得成功。一旦数学家取得成功，那些希望借用数学之可靠确定性的人就会推重测量 [13; 59; 68; 155; 174; 242: 181—183]。

测量要求观察细致，在有些情况下还要求发展出特殊的测量仪器。以测量为基础的计算，不论是在航海方面还是在炮术方面，常常可以借助计算仪器（有时候还要与数学专家事先准备好的数学图表结合着使用）。这类发展表明，数学不只是对有天赋的数学家而言实际有用，而且对自然世界进行精确观察与测量已被普遍地承认有益于提供一种恰当的理解[12; 13; 59; 155; 301]。

在科学革命之前，可用的仪器只有浑天仪、星盘、象限仪，以及另外一两种天文学家才会用的仪器。但在16世纪和17世纪，各式各样的数学仪器已开始使用，以帮助数学学科所有分支解决问题[12; 15]。它们当中有一些只是用于测量，然而更高级的仪器通常是设计出来给没有能力进行数学运算以获取有关信息的人提供关键信息。数学仪器类似于今天的便携式计算器，其设计初衷不是用来教育使用者理解自然世界的数学知识，而恰恰是作为此种教育的替代物。航海者、炮兵或者其他人，只需学会操作相关数学仪器，就可以得到执行任务所需的信息。不过，为没有受过教育的使用者而设计的新数学仪器的蓬勃发展也表明，数学家开始关注越来越多的日常生活领域，在这些领域中数学被证明对于理解自然现象至关重要。

此外，正是在这个时期里产生了新的仪器，当时称之为"自然哲学仪器"。现如今科学仪器已经是现代科学的一个标志，并且科学仪器并非自然知识的替代物，而是证明自然知识之真理性的手段，这其实发端自科学革命时期。其中最重要的有望远镜与显微镜，气压计与空气泵，温度计，以及随后各式各样的电力机械（electrical machines）[301；230；258；325；211；23；272；12；136]。特别要注意的是，望远镜这桩本来用在商业方面的新发明，只有在伽利略这位雄心勃勃地想被认可为自然哲学家的数学从业者手里才能成为自然哲学仪器。伽利略的望远镜可以被看作早期那些天文仪器的延伸，这些仪器从前使第谷得以确定那颗新出现的星体是一颗新星，彗星也是天界现象而非大气现象。望远镜与天文学家的目标相融合，由此成为一件科学仪器，从而使天文学家更容易成为自然哲学家，以对天界的真正性质发表看法[302]。因此有理由推断说，正是数学传统最先提供动力，使得仪器被用于科学研究。就像 J. A. 本内特（J. A. Bennett）所指出的那样，从作为数学从业者标签的数学仪器，到作为现代科学家标志的科学仪器，这看起来是一个很可观的进步[12；参看302]。

数理科学所关注的向来是实际的、有用的知识，其从业者从旨趣方面来看通常都是经验论者，总是在检验他们的数学技巧是否可以用于理解现实世界。也许，关于这一点的最清楚例证，是想用磁偏角的发现来确定海上经度位置的尝试。一条船究竟是在赤道的北边还是南边这很容易知道，只要参照太阳或星星就可以了；但到底是在参照点的东边还是西边，所有的办法都无能为力。只有懂得指南针并不指向地理北极而是指向某个与北极有一定距离的固定点以后（后来还发现，这个固定点的位置其实是变化的），问题大概才找到了可能的解决办法。所有这些办法都需要结合海员们的观察来对计算结果进行检验。在很多重要的事例里，有关磁体及其活动方式的经验研究也在调研中起重要作用 [12；15；331；307；240]。数学从业者近乎是在例行公事，对他们的工作从经验方面进行检验。有鉴于此，本内特指出数学传统必须被看作 17 世纪科学中实验方法的一个主要来源。

尽管文艺复兴时期海外探险、贸易与殖民事业的扩张带动航海的进步，也带动地理学其他数学方面（比如制图学）的进步，但这并非熟练工匠能够大展身手而大学培养的知识分子则无能为力的唯一舞台。采矿、冶炼在 16 世纪欧洲经济领域起着越来越重要的作用，这也让智识地位更高的人对这类事情有越来越浓厚的兴趣。对比文艺复兴时期两本关于采矿、矿物学与冶金学的手册，便可看出这一点：《论火法技艺》（De la Pirotechnia，1540）的作者万诺乔·比林古乔（Vanoccio Biringuccio，1480—约 1539）是一位矿业工程师，他的书是写给工匠同行的（用意大利语写就）；《矿冶全书》（De Re Metallica，1555）的作者格奥尔格·阿格里科拉（Georgius Agricola，1490—1555），则是一位在莱比锡大学（Leipzig

University）教希腊语的人文主义学者。尽管《矿冶全书》与《论火法技艺》涉及的领域基本相同，但前者是用拉丁语写的，显然针对的是有文化、受过良好教育的读者。阿格里科拉这本书，以及其他同类作品，清楚地表明工艺知识与对世界本性的理解之间存在着相关性，也有力地支持了人文主义教育家们的思想，比如胡安·路易斯·比韦斯（Juan Luis Vives，1492—1540）就主张要研究贸易与工艺秘技。这些作品还突出了经验对于知识基础的重要性[253；254；287；69：第3章]。

文艺复兴时期学者越来越多地关注杰出工匠的实用知识，这被认为是实验方法得以形成的一个重要因素。事实上，已然存在着一个历史编写传统，名为"学者与工匠"论题，其拥护者强调这种社会性的交叉融合在现代科学发展中所起的作用。很显然，经济方面的考虑起重要作用，刺激了这些发展。以阿格里科拉为例，他大概认识到采矿、冶炼等方面的知识的重要性，这是因为他的大学位于矿区。不过，在其他例子里还须承认资助者的重要作用。

38

愿意资助艺术、音乐和文学作品或愿意雇用学者、数学家和自然法术师的富有资助者，他们在数量上的增加和范围上的扩大，是文艺复兴时期经济和社会变化的另一个主要特征。当然，这些变化的结果在美术领域看得最清楚。翻看任何一本关于西方艺术史的书都会发现，中世纪绘画内容总是关于宗教题材的。但在文艺复兴时期，绘画内容出现很多其他题材——古代神话场景、狩猎场景、世俗历史主题等。这些都反映了新型世俗资助者们的广泛关注。艺术史家们还普遍认为，在描绘世界方面取得的可观进步，包括几何透视法的发展，也得益于资助者们想要通过描绘更现实主义的景象的方式来提高他们名望的需求。同样，人文主义学者的著作作为文艺复兴的代表特征，很多也是由于资助者才成为可能，而资助者也想从新的学术发现里得到各种好处，也许是实际方面的好处，也许是个人名望。这类资助者的广泛兴趣还促使他们资助各种工艺从业者，特别是法术和数学的从业者，因为这两者都被视为可能带来收益的实用学科。毫无疑问，欧洲的宫廷从一国之君或重要城邦的那种奢华大气的宫廷，到德意志诸侯那小小宫廷，都为学者与工匠的交叉融合提供了沃土 [87; 88; 98; 213; 214]。不妨细想一下精美宫廷假面剧和节庆的布置，当时这是公开彰显一方之主的气派和荣耀的一种方式。这些需要庞大的幕后团队。渊博的学者策划合适的主题，把传统的骑士精神、荣誉观念同新发现的古典故事所引起的时髦话题结合起来。建筑师和工程师设计精美背景，对道德主题进行表现。还有一大批其他工匠和技工被召集到一起，使这一切成为令人惊叹的现实[19]。很难想象在那个时期，还有别的什么地方学者与工匠能在一起合作做创意。当然，除非它是战争的技艺要求学者与工匠在一起合作的众多场合之一[210]。

这种社会互动的重要性是毫无疑问的，但也切忌夸大其词。当马克思主义史学如日中天之时，即20世纪30年代和40年代，史学家们有一种倾向，即忽略学者的作用，把现代科学说成是劳动人民发展出来的。史学家埃德加·齐尔塞尔（Edgar Zilsel）就竭力主张，实验方法是工匠发展出来的[332]。实际上，林恩·桑代克（Lynn Thorndike）和其他人已经指出，在整个中世纪，炼金术士和其他自然法术师都在做实验，其中很多人地位非常低微，但几乎没有谁符合齐尔塞尔有关典型工匠的描述[296]。比如贝尔纳·帕利西（Bernard Palissy，1510—1590）是一位很受人尊敬的陶工，他反复进行试验，想弄清楚中国珐琅器的奥秘。一般都拿他来佐证"学者与工匠"论题，但他还算不上典型的陶工。他是唯一在巴黎公开讲过农业、矿物学和地理学的陶工，出版过一本名为《好奇之谈》（*Discours admirables*，1580）的书，盛赞"实践"优于盲目的"理论"[253; 254; 287]，此外他大概还很熟悉炼金术。同样，数学从业者以及其他从事工程项目的人，整个中世纪都在使用一些实用的操作技法。我们知道这些人的地位低于大学里的教授，可他们的工作一直在使用某种类似于实验技术的东西，而齐尔塞尔关注的矿工、铸工以及其他人在工作时却没有用 [331；332]。

对工匠工作价值的认可，也是实验方法最伟大的个人拥护者培根获得灵感的主要渠道。在科学史写作所偏爱的所有伟大人物里，培根是独一无二的，因为他从来就不是某门科学或者科学之原始形态的从业者。然而，他是一个试图对自然知识进行纲领性改革的人。培根新哲学的主要特点是，主张知识须用于人类的福祉，要用全新的归纳逻辑代替（从来没有完全实现）经院亚里士多德主义哲学家推崇的三段论逻辑，并坚定地重视经验论 [197；233；253；255；329；117；150]。

尽管培根享有实验方法奠基人的美誉，可他在诸多作品（本来想汇集成一本关于自然知识的名为《伟大的复兴》的书，但并未如愿完成）里所写的，根本就不是什么类似于伽利略设计斜面来研究落体运动的现代实验。由于坚信预先构想的理论或者假设会误导研究者，培根只是说要收集事实，归入全面的"例证表"（Tables of Instances）里。他相信只要相关主题所涉及的事实都可以在这些表上方便地仔细加以检查，那么，某种解释性的理论就会很自然地出现。培根给这种方法举了一个例

40

子，即热的产生。在培根看来，热的产生的"例证表"表明，热是一种运动。当然，这一结论与现代热动力学理论是契合的，因为后者指出，一个物体里面热的增加其实是物体里原子运动变得剧烈。不过，培根没有致力于物质的微粒理论，因此他关于热是运动的结论提出了更多的问题而不是答案。然而，我们后面还会看到，培根的所谓"不谈理论"只收集事实的做法影响极大。

由其作品缺少数学方面的关注及其经验论的严格特性，便可看出启发培根的并非数学传统里的实验主义。实际上，培根明确拒绝数学在理解自然世界方面的有效性，这一点尤其为辉格式史家所看重。由此，培根便作为一个例证，强调了这样一个事实，即还有其他基于经验的知识来源，比如手工艺传统、帕拉塞尔苏斯的新医学 [247; 248; 251; 313]、炼金术 [253; 312; 320; 329]，或者法术传统的其他方面 [参看本书第四章; 84; 90; 150; 329]。

虽已考察了对培根造成影响的那些事情，但仍有其他来源促使人们以实验的方法理解自然，比如解剖学和生理学当时也有了重要发展。帕多瓦大学（University of Padua）出现革命性的变化，告别了以前医学院教授解剖学的方式。这是因为 1537 年帕多瓦大学聘请了一位受过人文主义训练的学者，同时他也是一位水平很高的解剖学家，他就是安德雷亚斯·维萨里（Andreas Vesalius,

1514—1564）[62; 102; 308; 309; 125]。维萨里教解剖学，由他本人亲自动手解剖［当时的讲师通常只是宣读古代权威盖伦（Galen）的论述，动手解剖的则是外科医生］，这很受医学生欢迎。维萨里那本重要著作《论人体构造》（De Humani Corporis Fabrica，1543）既是解剖学教科书，也是一本图文并茂的解剖实用手册。他精心写作了一篇序言，强烈反对把外科手术（当时是一门手工艺）同医学（大学里讲授的一种智识追求）割裂开来。因此，至少在某些人看来，维萨里的解剖学就成了"整个医学的基石"，几乎让自然哲学丧失医学教育之中心的地位[309; 34]。重要的是，维萨里以及文艺复兴时期其他解剖学家，并不认为自己是自然的哲学解释者，而只是单纯的观察者——通过"亲眼所见"（autopsia）来证明身体的结构与功能[63; 308]。

据说维萨里曾指出，在盖伦的解剖著作中发现了约200处错误。其中最重要的是，维萨里发现，把右心室与左心室分开的心壁上并没有孔（以使血液从心脏的右边流到左边），这撼动了整个盖伦主义生理学。维萨里没有把心脏研究继续深入下去，但帕多瓦大学的后继者们在这方面有了大量发现。雷亚尔多·科隆博（Realdus Columbus，1510—1559）提出肺循环理论（血液从右心室流到左心室是通过肺，而不是经过以前所假想的心室中隔上的孔）；西罗尼姆斯·法布里修斯（Hieronymus Fabricius，1533—1619）发现腿部静脉瓣膜，后来威廉·哈维（William Harvey，1578—1657）意识到正是这些瓣膜使得血液只能从脚部单向地流回心脏[309; 63; 125]。

哈维于 1600—1602 年间在帕多瓦大学接受法布里修斯的教导，安德鲁·坎宁安（Andrew Cunningham）称之为"亚里士多德筹划"（Aristotle project）——共同致力于获得有关动物各部分或器官以及动物生殖的真正原因的知识，从而将对生物的关注从自然史（描述性的）提升为自然哲学（规范性的）[61; 参看103]。回到英格兰后，哈维遵循这一帕多瓦传统来研究动物的生殖，还有心脏与血液的运动。通过后一研究，他发现了血液循环。在《心血运动论》（*De Motu Cordis et Sanguinis*，1628）一书里，哈维不仅设计出了精巧且毫不复杂的实验技巧，还借鉴了屠夫或屠宰工人的手艺知识（他能解释为什么他们要斩断动脉把所有的血从身体里放出来，以及为什么如果不这样做，动物死后动脉将是空的，而静脉却充满血液）。

通过细致研究我们已经知道，哈维并非"时代的领路人"，并非身着 17 世纪服装的现代思想家。大多数解剖学家只研究人，帕多瓦大学的"亚里士多德筹划"则有着更开阔的视野，试图更普遍地理解动物系统里各个

部分的形式和功能。因此，哈维才会探究动物而非人的
心脏和血液的运动。这意味着，他可以进行动物活体解 *42*
剖实验——这是大多数解剖学家从未考虑过的事情，因
为他们只解剖人体 [61；62]。哈维的发现很多来自他像帕
多瓦大学的亚里士多德主义者那样做实验，此外他的
"活力论"（vitalism）又表明他思考的方式与现代生物学
家非常不同 [62；125；228]。他坚信血液里包含了某种"与
星体元素相对应"的本原，那是生命的木原，是生命里
的灵魂 [228；133]。关于究竟是心脏还是血液才是生命的首
要所在地这个问题，尽管哈维在其职业生涯中改变了想
法，但心血系统是自足的，不需要其他本原，比如用输
自肺部的空气来使它恢复活力，这一点他从来不曾怀疑
过。这很有些反讽的意味，因为所谓空气给动脉血输送
维持生命所必需的东西，这是古代盖伦体系提出的正确
内容。然而，哈维被这样一个事实所误导：有些动物没
有肺（比如鱼类——他忽略了鳃的重要性），其心血系
统一样运行得很好。因此他得出结论说，肺不起关键的
作用 [62]。

　　哈维实验演示的权威性得以树立的明确标志是，他
的理论很快被别人接受（虽然有些方面反对的声音也很
强烈 [324；103；125]）。尤其重要的是，它全方位地冲击了盖
伦主义生理学，却没有提供新的体系取而代之。我们可

能期望哈维的发现能击垮与生理学密切相关的盖伦主义治疗体系，然而事实并非如此。盖伦主义治疗体系由于在治疗疾病的实用方面很成功（要记住，数个世纪以来医生一直靠它过着不错的生活），因此并未为哈维的革新所动，哪怕 17 世纪 60 年代在伦敦和巴黎曾短暂地进行过输血和注射方面的危险实验[101; 25]。

然而，生理学已然成为实验研究的重点。肺部与呼吸、肝脏与神经系统的作用，哈维没有解释的这些，还只是人们研究的一些主要焦点。哈维式的实验研究规划在英格兰也许最为繁荣，它在 17 世纪 30 年代后期至 70 年代中期蓬勃发展，涌现出许多重要人物，比如乔治·恩特（George Ent, 1604—1689）、纳撒尼尔·海默尔（Nathaniel Highmore, 1613—1685）、托马斯·威利斯（Thomas Willis, 1621—1675）、克里斯托弗·雷恩（Christopher Wren, 1632—1723）、罗伯特·胡克、罗伯特·波义耳，以及理查德·洛厄（Richard Lower, 1631—1691）[101]。哈维的影响也远涉欧陆，对医学院校此后的实验研究和教学产生影响[103]。

43 　　自然史方面也有革命性的进展。文艺复兴时期的人文主义者，如奥托·布伦费尔斯（Otto Brunfels, 约1489—1534）、莱昂哈特·福克斯（Leonard Fuchs, 1501—1566）和加斯帕尔·鲍欣（Gaspard Bauhin,

1560—1624）等，沿袭亚里士多德、泰奥弗拉斯托斯（Theophrastus）、普林尼（Pliny）和迪奥斯科里德斯（Dioscorides）那种百科全书式地研究植物和动物世界的古代做法，来解释北欧或者美洲那些古人不曾见闻的物种。识别古代描述的困难使精确分类成为一个主要问题，而出版社给新物种绘制插图的做法发挥了良好作用。这些图文并茂的作品的重要性，无论怎么强调都不为过。这是一个极大的进步，中世纪手抄本的草药志与动物寓言集即便有配图也不是写实的，要么因为这些是由受过抄工培训而非绘图培训的人从更早版本那里临摹来的（通常都很粗糙），要么因为配图的功能并非写实，而是描绘生物在民间传说中的象征性作用（比如配上鹈鹕的图，鹈鹕啄开自己的胸膛，用自己的血哺育幼仔）。由熟练工匠绘制的写实的配图，有别于以前作品里那类更多地出于形式上的需要而用于装饰的配图，激起读者要将之与实际的物种进行比较的想法，帮助传达文字里清楚承载的信息（即个体的经验是比权威更可靠的向导），也帮助传达文字里隐含的信息（即熟练的技工在理解现实世界方面也能做些事情）[7；73；85；97；286]。

在写实的配图蓬勃发展的同时，文字方面也出现了或可称之为"自然主义"的相应进展。文艺复兴时期，伟大的自然史百科全书，尤其是康拉德·格斯纳（Conrad

Gesner，1516—1565）的四卷本《动物志》（*Historia Ani-malium*，1551—1558）、乌利塞·阿尔德罗万迪（Ulisse Aldrovandi，1522—1605）的十三卷本论各种动物的作品，其所关注的不仅有与所探讨动物习性与天性有关的实际事情，还有动物在古人那里或者在当时各民族那里的象征意味。这类自然史在任何一种动物的条目下容纳着与该动物有关的全部格言、民谚、寓言、《圣经》记载和其他民间传说。对于格斯纳、阿尔德罗万迪这样的自然史学家来说，这些信息关系着对动物本身、动物本性及其意义的理解。这信念背后是这样的思路：所有受造物都有着大量隐藏着的意义，与其他事物有着千丝万缕的联系，无论是动物、植物、矿物、天体、数字，还是甚至像钱币或者护身符那样的人工制品。只有穷举关于该动物已知的或者已表述的一切，才能揭示其所设想的所有这些联系。但这种里程碑式的自然史——它似乎明显关联着传统的法术世界观，即一条存在的巨链把所有事物联系起来，并且所有事物都与巨链上其他事物有感应——在17世纪已让位于完全自然主义式的自然史。新世界的动植物与旧世界的文化没有联系，没有相似之处，也没有任何形式的象征意义。自然史学家们只好用更加写实的笔法来编写包含所有受造物（新世界的和旧世界的）的百科全书。当然，动植物的食用、药用之法在他们的自然史里仍占有一席之地，但再没有动植物相关的道德教诲内容 [8; 10; 97]。

促成自然史这一变化的社会层面的原因，主要有两方面。第一个社会原因，是可以把这一变化看成文艺复兴时期人文主义者对"主动的生活"在德行方面高于"静思的生活"这一点所做的延伸。人文主义者把对国家有用的学科，如伦理学、法学、政治学和修辞学，都算作实用的、有用的自然知识。在这些作品里，自然史知识被看成与公民人文主义的道德哲学一样，在商业、农业、烹饪、医疗以及其他许多有益于公共之善的领域里是有用的 [51; 52; 97; 98; 175; 291; 246; 286]。

自然史潜在的有用性也表现在以下这个事实里：像法术和数学一样，自然史引起富有的资助者的注意，并得到他们的资助。这是王侯或者其他某位富有的权力掮客提升声望甚至提升财富与权力的又一渠道。

这种对自然奇观的新兴趣带来一个重要后果，即出现所谓的"珍奇屋"（cabinets of curiosities），它收藏来自矿物、植物、动物等三大自然领域的稀奇古怪事物。也许，原本只是想形成可观的收藏，间接地显示收藏者的权力与财富，但大规模的收藏很快就被视为对自然知识的增进，生动地展示了上帝之造物的神奇与丰富多样。皮耶兰德雷亚·马蒂奥利（Pierandrea Mattioli，1500—

1577）作为蒂罗尔的斐迪南（Ferdinand of Tyrol）大公
收藏品的负责人，成为那个时代重要的自然史学家之
一。他重点研究藏品里的植物标本，写出很有影响力的
《迪奥斯科里德斯评注》（*Commentaries on Dioscorides*，
1558），对古代植物学权威迪奥斯科里德斯（活跃于公元
1世纪）的著作做了许多修正。这部作品的成功部分缘于
斐迪南大公资助工匠们创作了许多精确的配图[215]。

45　　更大规模、更加成功的收藏很快成为早期观光的景
点，吸引各地绅士起意"游访"。也许，对自然知识的传
播来说，更有意义的是以下这一事实：收藏新标本，需
要相关各方深入交往，相互交流最新发现以及从何处获
得[98; 97]。这些收藏及其明显的教育用途，还促使建造
一些公众容易进入的植物园、动物园和博物馆。有些大
规模的收藏成了最早公共博物馆的核心部分。特雷德斯
坎特（Tradescant）家族的收藏由伊莱亚斯·阿什莫尔
（Elias Ashmole，1617—1692）接手，成为牛津阿什莫尔
博物馆的核心部分。汉斯·斯隆（Hans Sloane，1660—
1753）爵士的收藏则为伦敦大英博物馆带来了一个辉煌
的开端[97; 167; 171; 第6章]。

　　与自然史相关的第二个社会原因是宗教方面的。人
们把它看成一种展示造物主奇妙智慧、艺术技巧和仁慈
的方式。就此而言，自然史超越了"主动的生活"以人

为中心的关怀，关注那些在医疗、烹饪或者商业方面看似没有什么价值的受造物 [7; 16; 73; 119; 246; 323]。这一宗教取向的后果是，植物学家、动物学家可以表示自己在知识领域有更高的权威地位，而不仅仅是通常赋予自然史的单纯描述性学科这样的地位。自然史学家读解上帝的第二本书，即受造物之书，对神学家关于《圣经》的读解形成补充。实验主义的重要鼓吹者培根有一个重要成就是，他的《新工具》(1620) 使归纳逻辑的地位高于演绎逻辑（他有意要用它来代替亚里士多德《工具论》的那套逻辑）[329]，为自然史取得哲学方面的权威地位夯实基础。结果便是，像约翰·雷 (John Ray，1627—1705) 那样的自然学家决定献身于"一门以实验为牢固基础的哲学"(1690)，坚信这门哲学能够当好神学的婢女 [246]。

自然史方面的宗教动力突出地表现在使用那些或简单或复合的显微镜进行的新式研究里，这些显微镜大概都是从 1625 年发展起来的。扬·斯瓦默丹 (Jan Swammerdam，1637—1680) 是荷兰的一位伟大的显微镜专家和比较解剖学家，他通过解剖发现蝴蝶在幼虫时期已经有翅膀（并因此摒弃了亚里士多德的主张，即昆虫原本没有形态，它们通过完全变态发展出形态），进而坚信解剖一只虱子也能揭示"上帝那全能的手指" [51; 56; 257; 258]。安东尼·范·列文虎克 (Antoni van Leeuwenhoek，

1632—1723）是原生动物和细菌的发现者，其驱动力量也是对物理神学（physico-theological）方面的专注[230]。不过，显微镜当时很可能在一些更实际的方面得到运用。尽管斯瓦默丹在写作关于蜉蝣的《瞬间即逝者的生命》（*Ephemeri Vita*，1675）一书的时候仍然带着末日论的气息，但之前已有马尔切洛·马尔比基（Marcello Malpighi，1628—1694）写作《论蚕》（*Dissertatio de Bombyce*，1669），对市场上很好卖的蚕进行讲述[257, 258]。

马尔比基对显微镜所做的特别有益的运用，是研究解剖学特征的精细结构。他发现是毛细血管连接着动脉和静脉，血液循环理论由此终于大功告成[1]。然而，他曾经的同事、同样使用显微镜的胡克在1692年则说，只有列文虎克把新仪器用在正经的事情上[258; 325]。显微镜在解剖领域里不能与望远镜在天文领域里的成功媲美。其中至少有一个原因是，它不具备使医疗从业者服从的权威性。望远镜能够提高天文定位的准确度，这确保了它的有用性。但有关肉眼看不见的器官结构的知识，丝毫无助于提升基本上以研究和治疗病症为志业的医疗系统的能力。有些人把显微镜很好地用于"自娱或消遣"，就像胡克所说的那样，但要想有实际的影响，就需要有相关领域的从业者用它。相反，一些重要的内科医生，像托马斯·西德纳姆（Thomas Sydenham，1624—1689）

和约翰·洛克（John Locke，1632—1704），明确拒绝使用显微镜 [326, 325]。

　　然而，总的来说，不可否认的是，自然哲学仪器的发展对科学革命以及科学随后的发展来说，具有重要意义。正如本内特指出的，在这些仪器的本质里就蕴含着一种特定的自然哲学和一种特定的方法论 [14: 第2章]。设计这些仪器，是为了论证新哲学里的主张。这些仪器的使用则表明，正确地与自然打交道，就是要通过经验或者实验的方法。在论证科学仪器重要性方面，没有谁能比得过胡克。他是杰出的发明家、天才的机械师、富有革新能力的自然哲学家，新仪器的创造在他发展出新哲学的过程中似乎是不可或缺的。对他来说，熟悉仪器起作用的方式，了解仪器的功能，能为理解最初设计仪器所想要揭示的自然现象提供坚实可靠的方法。他坚信这些仪器是可靠的，因为它们把我们的感知提升到了这样的程度，对所调查现象的感知清晰明白得就好像我们在看眼前这本书一样。胡克的做法再一次论证了实践在这个时期所形成的变化中的重要性。他制造仪器来帮助理解特定自然现象的实践，使得他提出了一些理论，而在这些理论中，自然以他的仪器的运作为模型，甚至是模仿仪器的运作。这方面有一个很清晰的例证，胡克在一个理论里提出，所有物体都是由肉眼看不到的物质微粒构成，这些微粒不停地前后振动。他用这种设想的振动，又假设振动的幅度和频率有变化，来解释胀与缩、硬与软、弹性以及热与冷等现象。但很显然，这些想法都来自他对钟摆和弹簧振动的研究，而这些研究在他开发一种用于航船的精密计时器的尝试中起到了极为重要的作用，最终使可靠地计算经度成为可能[14；第2章；11]。他作为发明者和机械师的实践，促成了他作为自然哲学家的理论建构。

实验方法的另一个主要来源，须在化学或者炼金术的传统里寻找。炼金术并不是在科学革命时期突然使用实验的——它一直是一桩借助实验的事业。科学革命时期出现的事情是，炼金术的那种实验主义扩展到了自然哲学家、内科医生以及其他由于数理科学、自然史、解剖学和医学领域发展而信服经验学说的知识分子那里。

其中最主要的影响势力是帕拉塞尔苏斯主义，该哲学有很多支派，全都赞美应用化学在医学方面、在更广泛理解自然世界（大宇宙）和人（小宇宙）方面的有用性。它的创始人是一位来自瑞士的游方者，他无师自通，自称帕拉塞尔苏斯（约1493—1541）。这种化学哲学和新的医学体系影响如此深远，以至于不能被忽视[251；73；216]。帕拉塞尔苏斯不只是经验主义（experientialism）的热心鼓吹者，他的医学体系也确实是革新性的。尽管它把医疗从业者分成各个等级，但它在治疗方面的大量成功案例表明，帕拉塞尔苏斯的医疗体系至少在某些方面明显地改良了传统医学。随着新的化学药物像传统草药一样成为全欧洲官方药典内容的一部分，经验论的有效性就显得越来越无可辩驳 [71；74；312；216]。

帕拉塞尔苏斯主义有很多追随者，其中很多人，比如居伊·德·拉布罗斯（Guy de La Brosse，活跃于 1630年，巴黎植物园的创建者）、托马斯·莫菲特（Thomas Muffet，1553—1604，昆虫学家，童谣里的蜘蛛是他女儿永远的梦魇）、彼得·塞维里努斯（Peter Severinus，1540—1602，内科医生和医学哲学家）以及培根等，传承着各自所理解的帕拉塞尔苏斯化学哲学，形成他们自己的影响 [251；71；247；248]。但也许，其中最伟大的要算扬·巴普蒂斯塔·范·赫尔蒙特（Joan Baptista van Helmont，1579—1644）。他是佛兰德（Flemish）的贵族，留下了以他的名字命名的赫尔蒙特主义 [229；41]。以前科学史家往往已经关注到他的有些实验具有定量特点（其中最有名的是他称好了盆、土壤和柳树苗的重量，经过五年的浇灌再称一次重量，然后得出结论说这棵树增加的164磅的重量肯定来自水），但同时对他那极其明显的法术宗教外观表现出一种辉格式的恼怒。然而事实应当是这样，他是一位极有影响的思想家，在当时被视为用全新的实验方法来理解世界的主要代表人物。举例来说，实验哲

48

学家的最重要代表波义耳就受了他很大的影响[41]。

经常有人说实验方法的兴起直接促成自然哲学家与各门自然科学从业者的合作，形成一些或多或少较为正式的协会，如实验学院（Accademia del Cimento，创建于1657年）、伦敦皇家学会（Royal Society of London，1660年创建）、巴黎皇家科学院（Parisian Académie Royale des Sciences，1666年创建）[226; 27; 211; 22; 23; 161; 128; 194; 69; 第6章]。这种说法所假设的前提是，实验方法要求合作。确实，培根明确表达过这一主张。他的理想的科学机构"所罗门宫"[（Salomon's House，该概念来自他那乌托邦式的作品《新大西岛》（New Atlantis），该书没有完成，于1626年作为遗著出版]，一般被认为是成立伦敦皇家学会或者巴黎皇家科学院的灵感之源[202; 128; 150; 159; 234; 329]。这两个最著名也最成功的新型协会，又可被看作脱胎于实验取向的思想家们的那些不太正式的组织，比如牛津和伦敦那些可谓皇家学会之前身的组织[159; 311]，或者蒙莫尔学院（Montmor's Academy），以及之后由梅尔基塞代克·泰弗诺（Melchisédech Thévenot，1620—1692）所赞助的那些会议[法国财政大臣让–巴蒂斯特·科尔贝（Jean-Baptiste Colbert，1619—1683）起意成立巴黎皇家科学院，这是其中一个直接动因][27; 226]。

最近有研究表明，这种说法只是给科学革命时期科学协会的突然涌现提供了部分解释。詹姆斯·E. 麦克莱伦（James E. McClellan）提到一个事实：学术团体早在文艺复兴时期就已是学界的一个重要特征，且不受限于自然科学的范围，还包括语文学、文学、史学，甚至神学团体。学术团体似乎是作为革新性高级研究的竞技场而发展起来的。简言之，它们是科研机构的雏形，大学在当时毕竟只是教育机构 [202]。当然，它们也基本上完全仰仗有钱人的赞助。在这类组织中，最早的大概是由像鲁道夫二世（Rudolf II, 1552—1612）、费代里科·切西（Federico Cesi, 1585—1630）或者莱奥波尔多·德·美第奇王子（Prince Leopoldo de' Medici）这类很感兴趣的资助者促成。在鲁道夫二世位于布拉格的宫殿里，聚集着很多炼金术士、天文学家，还有其他神秘主义哲学家。切西是蒙蒂切利侯爵（marchese di Monticelli），他成立"山猫学院"（Accademia dei Lincei）①，其麾下有伽利略。莱奥波尔多·德·美第奇则创办"实验学院"[87; 84; 69: 112—114; 22; 23]。

普遍背景如是，也就不必惊讶于每个科学团体有着不同的缘起。很显然，赞助的性质决定了团体所做工作的性质 [291; 23; 211; 194]。举例来说，伦敦皇家学会与巴黎

———————————

① 亦可译作"猞猁学院"。——译者注

皇家科学院之间很多重要差别，源于前者是抱有兴趣的成员自发成立的组织 [查理二世（Charles II）之为资助者完全是名义上的，并没有提供钱财方面的支持]，后者则是一个经过精心挑选组成的精英组织，成员领取为王室效劳的俸禄 [161; 159; 128]。招揽新的付费成员进入伦敦皇家学会是很重要的事情，这意味着其所展现的培根式的科学合作形象肯定要比更加精英的巴黎皇家科学院松散许多。伦敦皇家学会需要坚持业余研究的有效性，巴黎皇家科学院则有意识地成为一个更加职业的组织 [128; 160; 161]。这些科学团体通过成员之间的热诚通信以及它们的出版物——比如实验学院只发行了一期的《自然实验文萃》（*Saggi di Naturali Esperienze*，1667），以及自1665年起连续出版的《皇家学会哲学会报》（*Philosophical Transactions of the Royal Society*）[226; 23]——极大地促进了新的经验方法，以践行科学并确立自然哲学的真理。

50 　　直到最近，史学家仍然过多地看重有些科学改革者对当时大学进行的贬低。不过，现在正恢复平衡。大学体系确实惰性甚重，正式的课程难得更新，教学方法也是如此，但大量证据表明，至少仍有一些大学，虽受课程的限制，却还是教给学生有关自然世界的最新观念以及科学方法 [113; 92; 91]。大学对数学与自然哲学之间界限的恪守，就像前面指出的，确实是一个因素，使得对哥白尼理论的接受并不热情，也使得伽利略决定寻求私人资助以便成为自然哲学家，不愿只做大学里地位卑微的数学教师[321; 19]。可是，数学的智识地位在大学里确实提高了，在王公贵族资助者的眼中地位也提高了。推行梅兰希顿教学改革的那些德意志大学，都盛赞数学的重要性[157; 189; 79]。耶稣会的"学习阶梯"也提升了数学的地位[68; 144; 191]，在尼德兰极有影响力的人文主义者彼得·拉米斯（Peter Ramus，1515—1572）所推行的教学改革也是如此[113]。概而言之，数学的有用性得到更多的承认，使得数学在整个欧洲范围内的教学取得进步，并得到更多机会[268; 113; 92]。

借助经验来理解自然世界，至少在一定程度上一直为医学科系所推行。意大利的大学、法国的蒙彼利埃（Montpellier）或相当传统的巴黎医学院（Paris Medical Faculty），都希冀医学学子除在大学里从事较为理论的研究外，还要跟从某位地方从业者实习，了解医学实践。自16世纪起，医学院校成为那些推广观察和经验科学所必需的设备得以运用的主要场所：解剖室、植物园，有时候还有化学实验室。尽管天界力学和地界力学领域的革命很大程度上是在大学之外发生的，但生命科学的革命基本都发生在大学里[268; 51]。医学科系是推广自然哲学领域最新观念的主要场所，也是能够接触到昂贵新仪

器的主要地点，如显微镜、望远镜和空气泵。在荷兰许
多大学里，笛卡儿主义代替了亚里士多德主义；在德意
志有些大学里，帕拉塞尔苏斯哲学连同其他化学哲学被
吸纳进课程里 [113；215；213]。

51　　贬低大学在科学革命时期的作用是错误的，但也切
忌将其拔高。须谨记的是，在这整个时期里，大学的功
能是教学。新型研究的地点是那些宫廷学院、皇家学会，
或者某位竭诚奉献于科学的人士的家宅，其中有像第谷
或者波义耳这样的有钱人，也有像安德烈亚斯·利巴菲
乌斯（Andreas Libavius，1560—1616）或者列文虎克这
样出身寒微的知识追求者 [113；252；97；137；221；138；275；278]。

　　大学对教学的强调以及教学的性质，都无助于大学
在科学革命中做出重要贡献。修辞在教育体系里的重要
性（与语法、逻辑一起构成三门基础课程）意味着，期
待学生们在争论场合当好正方或者反方。此类"辩论"
是考核的主要形式（当时还没想过进行书面考试）。化
学哲学家赫尔蒙特就对他所受的大学训练感到非常遗憾，
认为那是浪费时间（以至于他拒绝拿硕士学位），尽管他
也勉强承认在大学里他掌握了"人为辩论方面的技巧"。
对于凯内尔姆·迪格比爵士（Sir Kenelm Digby，1603—
1665）这样没有上过大学的人来说，这种技巧几类于
"鹦鹉学舌"。培根、伽利略、笛卡儿、波义耳以及其他很

多人的批评则清楚地表明，大学教育的这个方面是全欧洲范围内思想家感到不满的一个重要原因 [124]。

因此，大概可以说，数理科学、自然史、生理学、解剖学和化学近乎同时所取得的发展，以及仪器运用方面的相应发展，全都对这一时期经验论的兴起起了作用。也要看到由于更多地意识到实验方法的力量，科学人士之间有了新的互动，这鼓励了更进一步的经验研究，反过来又导致科学院或者科学团体的协作常态化。所有这些发展，都受益于并且也促进了宫廷以及大学里的变化。一个普遍的结果是，出现了一个完全不同的信念，相信经验得来的知识的权威性。由此，新的实验方法成了科学革命时期的一个代表性特征。

但是，这样是为了解释实验主义作为研究自然界的一种常规公认做法的兴起——这与解释所谓实验方法的历史起源不太一样。今天通常所说的"实验方法"，是指一个在实验室里运行的人为的程序，对出自一个可信理论框架的高度具体的假设进行检验。它有可能要仰仗特殊设备的使用，很多情况下设备是为这种特殊的实验特意设计并制造的。设计的时候要尽可能地排除其他变量，只留下要检验的那个。至少在原则上，实验方法可以无限重复，以至于结果可以一遍又一遍核查，或者可以给新的观众演示实验效果。正是这个"实验方法"，才使得今天的科学家们能够宣布他们在认知方面有巨大的权威性。

但很显然，并非在所有科学家的工作中都能体现这一方法（比如植物学、动物学等分类科学领域内的科学家）[164]。此外，科学社会学家不断地告诫说，科学家们原则上依据这个方法，实践时却并非如此（哪怕他们说他们那样做）。更何况，科学哲学家也被迫承认，根据某种有代表性的方法论，划清科学与非科学的界限，这是不可能的。无须通过历史研究，就可知道大谈某种单一的、便于概括的实验方法，肯定是过于轻率了。哈维的实验方法不同于伽利略的，而这两种又不同于培根所拥护的或者波义耳所使用的实验方法。那么，怎么会有这样一个强有力的实验方法观念，发挥出如此出色的修辞能力，促使了科学的智识权威地位的提升呢？科学史领域近来有研究表明，历史研究能够帮助我们回答这个问题并起重要作用，同时为我们对实验主义在历史上的兴起提供更精确的理解。

迪尔的一项研究细致地呈现了克里斯托夫·克拉维乌斯（Christoph Clavius，1537—1612）①、奥拉齐奥·格

---

① 克拉维乌斯是来华著名传教士利玛窦的老师。利玛窦在与徐光启一起翻译由克拉维乌斯改编的欧几里得《几何原本》时称其为"丁先生"。——译者注

拉西（Orazio Grassi，约 1590—1654）以及其他耶稣会士提升数学地位的努力，并指出最初的困难主要来自以下事实：由数学得出的知识主张并非自明真理[68]。亚里士多德传统里的科学理想以逻辑三段论形式为基础，但推理倚以为根基的前提或起点必须是无可争议、自明的真理，所有人很容易就会认可。对于数理科学来说，这是存在问题的。举例来说，天文学有一些自明的真理，如太阳的升起与落下，可行星的速度、行星的逆行，还有其他许多现象，只有通过专业的观察才能得到。同样，在光学方面，很多现象只有在实验操作中利用特殊仪器才能看到。要赋予数理科学亚里士多德自然哲学那样的地位，须让广大公众觉得这些人为得出的观察结果是自明的。虽然有大量的实验案例是在相当公开的场合进行的（比如从教堂塔顶抛下重物），但要使实验成为"公众的"，最强有力的办法是借助出版作品，找到描述实验的新方法。通常的描述范式是模仿几何学教科书，教读者怎么设置实验场景，怎么操作实验，然后告诉读者实验结果应该是怎样的。此外，通常还会说这个实验以前已重复过很多次，而且往往是在有名有姓的不同专家见证下操作的。

　　迪尔探出了这些发展对欧陆实验科学之特征的影响，欧陆实验科学与英格兰实验哲学大为不同[66; 68: 第7章]。

举例来说，帕斯卡尔描述一个实验时，会用一个普遍论断来讲明事情是怎么回事。要是你做了这个，这个，还有这个，那么就会出现这个。波义耳作为英格兰实验哲学家的翘楚，很反感这种写法。对他来说，这简直是在报道如若帕斯卡尔的理论假设是正确的，什么事情肯定会出现。像培根一样，波义耳认为，总是有可能设计出一个实验，看似能印证实验者的前见。席卷英格兰的实验方法由波义耳以及伦敦皇家学会的一个重要分会推行，旨在确立"事实"（the matters of fact）。因此，英格兰的方法被认为不存在任何由理论先入为主暗含的偏见。

英格兰自然哲学在修辞方面对"事实"的强调，最有力地体现在史蒂文·夏平、西蒙·谢弗（Simon Schaffer）的书里 [279]。他们对波义耳为确立实验哲学作为在自然哲学领域探求真理和解决所有争论的手段所做的努力做出了重要研究，并指出，波义耳以及皇家学会里有着相同想法的思想家们坚持只关注确立实验里的"事实"，而非依据众多可供选择的理论中的某一个来对实验结果进行诠释。举例来说，波义耳用新发明的空气泵进行研究，不是为了抉择究竟是那些相信真空之可能性的人的理论对，还是那些不相信的人的理论对，而只是为了确定空气的弹性。从修辞方面对实验结论的事实性表示坚持，使得英格兰的实验者把实验写得像是实际历史事件。这带来了一种关于实验的新写作风格的发展，使读者有一种身临其境的感觉。这种写法的目的是，通过让见证者成为"虚拟见证者"（virtual witnesses）来增加实际事件的见证者。这是解决证言问题的一种方法：为什么这些报告该相信？这些虚拟见证者不由自主地感觉到，他们对于实验场景和程序了解得很清楚，因此他们确实是亲身有效地见证了实验。否则，就要求助于实际见证者的人数，尤其是在学会的会议上，得远远超过合法程序所需要的人数才行；或者要求助于见证者们的品行，他们最好是在言谈举止方面自由公正的绅士 [279; 278; 275]。

用权威性的实验代替亚里士多德三段论式自然哲学研究方法所树立的权威，可不是一种抽象的认识论练习。赋予传统的亚里士多德自然哲学权威的前提的所谓自明的性质必须被取代。像数学一样，实验给出的并非自明的真理。要想确信它们的真理，你要么得知道你正在做的是什么，要么就得凭信心将其接受。既然对于波义耳、帕斯卡尔来说，不可能让每个人都成为实验者，不可能让每个人都成为数学家，他们就致力于强调自己的主张"值得相信"。那么，他们之间，欧陆实验主义与英格兰那种实验主义之间，为什么会有差异呢？

迪尔根据宗教方面的差异做了解释。欧陆天主教徒仍然坚信神迹，英格兰新教徒则坚持说神迹时代已一去不复返，不会再有真正的神迹。迪尔明白，由此可推知，天主教徒相信单个历史事件（一个神迹）可以违背如法律一般的、铁定的自然秩序。在如此背景之下，描述单个实验是没有意义的（只是自然秩序的又一个例子而已），但一个普遍的论断，比如关于空气压力的，实际上对自然秩序有所揭示。在奉行新教的英格兰，对固定的自然秩序的信仰并不需要为决定什么是神迹提供一个基准，因为神迹不会发生。因此，单个实验是有意义的，有助于更精确地理解事情恰好是其所是的方式；而普遍论断是没有意义的，因为它的基础是大多数英格兰新教徒认为是错误假设的东西，即事物不可能是别的样子（真空肯定存在，或者物体的最小部分必定是不可分的，以及类似的说法）。对英格兰新教徒来说，这简直是在限制上帝的全能，以获得某种特定哲学立场。英格兰人更愿意假设的是，上帝可以做他所选择做的任何事情，不论哲学认为这有可能或者不可能 [参看本书第六章；66；68：第7章；参看145；147]。

夏平和谢弗则与之相反。他们从 17 世纪英格兰社会的动荡历史，以及王政复辟以后想维持稳定与和平的持续需要着手，对伦敦皇家学会那种方法论所要强调的东西进行解释。波义耳及其同人认为，专注于确立"事实"，就能提供解决自然哲学领域争论的办法。面对物质究竟是不是无限可分不一定能达成一致，但面对"事实"每个人都会达成一致。团结起来的自然哲学家共同体有助于确立社会秩序；他们的方法在自然哲学中并通过自然哲学获得合法化，意味着它能够用于制定规则以生产真正的知识，并处理其他领域（如政治和宗教领域）的争论。英格兰的实验方法自身是一种无须任何强制性的权威就能创造并维持一个自行运作的共同体的协同一致的手段[279: 341]。

迪尔、夏平和谢弗的一些解释存在着争议，但他们的研究能帮助我们理解 17 世纪英格兰"实验方法"的确切性质，它与欧陆那种更典型的实验方法形成对比。他们还提供了有价值的材料，帮助我们理解实验方法在现代科学形成中的威力。就像夏平和谢弗所指出的，现如今有一种倾向认为，实验方法的成功无须解释，对于我们来说它显然优于其他生产知识的方法。他们的史学分析表明，我们现在关于实验主义之效力及效率的观点其实是有来源的，实验方法本身也一样，来源就在现代早期出于当时各种地方性历史目的而借用的社会、政治和修辞策略里。

第四章

法术与现代科学的起源

法术传统也是科学革命时期经验论的重要来源，其影响表现在很多领域。不过，之所以在这里专辟一章予以考察，是因为关于它的影响在历史编写领域有很大争论[304; 54; 216; 221; 146]。许多科学史家拒绝接受这样一种观点，即他们认为如此不理性的东西可能会对极其理性的科学追求产生任何影响。他们的论证基础显然是纯粹偏见，抑或不曾理解法术传统的丰富与复杂。

文艺复兴时期古代文本的发现，刺激了其他很多智识领域的生活，同时也复苏了法术传统。法术的繁荣当然要归功于古代新柏拉图主义著作的重新发现，尤其是那些被归给赫尔墨斯·特利斯墨吉斯忒斯的作品[诚然，现在的共识是，女学者弗朗西丝·叶芝（Frances Yates）及其追随者关于所谓赫尔墨斯传统之影响的观点明显是夸大其词[54]]。但也要看到，法术的繁荣同样要归功于文艺复兴时期亚里士多德主义内部的新动向。中世纪法术交互作用理论倚以为基础的原则，不可避免地来自经院亚里士多德哲学。在文艺复兴时期，很多亚里士多德主义哲学家，尤其是乔瓦尼·皮科·德拉·米兰多拉（Giovanni Pico della Mirandola，1463—1494）、彼得罗·蓬波纳齐（Pietro Pomponazzi，1462—1525），吸收了法术传统里较自然主义的方面（即通过开发事物的自然但玄妙的属性来实现法术效果）；新柏拉图主义哲学家，比如马尔西利奥·费奇诺（Marsilio Ficino，1433—1499）、托马索·康帕内拉（Tommaso Campanella，1568—1639），则发展出一种偏于灵性或邪魔性的法术形式[53]。

要想理解法术在科学革命里的作用，一定要留意"自然法术"的确是法术传统的主要方面。自然法术的基础是这一假设：有些事物暗藏着能够影响其他事物的玄妙力量，形成一些让亚里士多德哲学无从解释的现象。自然法术师的成功，取决于对物体有深刻的认知，了解物体相互间是怎么作用的，以实现其所想要的结果[53；146；313]。我们经常看到，文艺复兴时期自然法术师坚称他们的法术形式完全取决于有关自然的知识。于是最近有位史家提出，我们可以把这类思想定义为"文艺复兴自然主义"（Renaissance naturalism），与这位史家所认为的真正的法术区别开来[156]。

但实际上，将自然主义要素同法术的其他方面分开，在科学革命时期已经完成。18世纪以来的法术史，其实是自然法术的这些主要元素为自然哲学吸收以后法术传统里所剩下的东西的历史[153；150：第5章和第6章]。此外，对我们来说，法术关联着的是超自然的东西；但对现代早期的思想家们来说，法术的效果在于对自然对象和过程进行控制。对他们而言，只有上帝才能够产生超自然的事件。甚至连信奉恶魔的人在召唤恶魔（也可能是呼唤撒旦）的时候也只是期望，恶魔能够像一位特别有知识的自然法术师一样行事，调动对象身上暗藏着的自然力量，引发其所想要的事件 [36; 53; 156; 150; 第7章]。自然法术之所以从我们的法术观里淡出，就是因为法术传统的这些最根本的方面已经为科学世界观所吸收。或者，换种方式来说，科学世界观至少部分地脱胎于自然哲学同实用的、经验性的自然法术传统的联姻 [146; 153]。

　　法术的实用主义是显而易见的。法术师的目标从来都是实现其所想要的某个结果，要么是让自己得到好处，要么是让某位贵族或者顾客得到好处 [54; 83; 84; 87; 88; 89; 139; 294; 216; 287]。法术的经验论多少会让我们稍感错愕，这其实就包含在自然法术的逻辑里。舍此之外，法术师如何才能了解一个物体具有的玄妙力量可以影响到另一个物体呢？要是不大勤奋，大概要仰仗符号学：解读符号或者征象，上帝留下它们让我们能够读解自然之书（史家们最喜欢举的例子是核桃，核桃的结构与头骨下面的大脑很像，这是来自上帝的清楚符号，表明核桃可以用于治愈大脑方面的疾病）[305]。要是更勤奋些，则可以靠他们自己把事情弄清楚（虽然在实践中自然法术师往往非常依赖法术界的传统说法；要是有哪件事情在一两本以上的书里被提到，就肯定是权威的说法 [53]）。

　　关于理解自然世界之正确方式的观念的改进，与法 *58*

术息息相关，这一关联表现在以下事实里：哪怕看起来很让人惊讶，在中世纪和文艺复兴时期技术都与法术密不可分 [83; 84; 253; 153]。这并不意味着，未入门的人会以为机械的运作全靠里面的恶魔（要记住，法术被认为是通过自然手段来进行的）。机械装置的精细运作产生了奇妙的后果，这被认为是开发出了事物里面那些玄妙却自然的力量，于是就被视为法术师的领域 [83; 296]。又由于机械论与数学有密切关联，机械装置方面的这种开发一般会被称作"数学法术"。因此，法术也关联着理解自然世界的数学方法 [84; 146; 153; 42; 91]。法术与数学之间的密切关联当时是如此普遍，以至于有非常多的数学家在社会地位开始提高时要撇清自己与法术的关系。法术一直都受教会谴责，毕竟法术是信奉恶魔的；它从来得不到普通民众的信任，民众所记着的总是法术的骗人伎俩。因此，对新一代的数学从业者来说，同"错误"的那一类法术师划清界限就变得非常重要 [219; 330]。

这个过程绝不意味着完全拒绝任何稍微与法术有关的事物。当时有很多思想家仍然认为，法术是一种高贵而且自有其意义的追求。他们所担心的，只是法术的腐败或堕落。开普勒是高超的数理天文学家，却也可被看成受到了数字命理学这一法术传统的深刻影响。众所周知，他进行宇宙论工作的一个主要动力，是想解答为什么只有 6 颗行星的问题。这不是一个科学问题：他所想理解的，是数字"6"何以如此重要，以至于上帝用这个而不是别的数字作为行星的数目。不过，开普勒的这个数字命理学问题，连同他寻求解答的方式，完全不同于罗伯特·弗拉德（Robert Fludd，1574—1637）的数字命理学。弗拉德是一位产量丰富的作者，写出许多最具神秘主义特点的法术著作。弗拉德的《两个宇宙的历史》（*Utriusque Cosmi Historia*，1617—1621 年间出版。所谓"两个宇宙"，即大宇宙和小宇宙）一书指出，天界中数的比例只是象征，是他本人为了用于诗和修辞方面的目的而虚构出来的。开普勒对此表示拒绝，并坚信自己所关注的数和数的比例是自然世界的实际特征。换言之，弗拉德用的数字是依据他的臆想强加给天界的，开普勒用的数字能够被认为合乎实际体系 [54; 95; 72; 131]。不过，开普勒在这方面与弗拉德拉开距离，这并不意味着他想拒绝法术传统，而宜理解为他想重新树立健全的自然法术。培根曾说，"人的精神里面的那些偶像与神的精神里面的那些观念是有很大差别的"，这句话开普勒肯定同意。接下来的话清楚表明，培根仍然相信上帝的创造包含着对人类有意义、有用的符号："也就是说，一边是空洞的教义，另一边则是能从自然中寻见的、安放在造物中的真实征象和记号。" [引自 8: 323; 150]

59

相应地，必须留意到开普勒坚信天界和声（celestial harmonies），又借用第谷那些极其精确的观察，使得他能够自得于这一证明——之所以只有 6 颗行星，是因为上帝按照"几何原型"创造宇宙。开普勒深信，上帝通过将行星与 5 种所谓的柏拉图正多面体①中的每一个交替嵌套在一起，将它们彼此分开。关于这些正多面体需要说明的是，根据欧几里得几何原理，这些正多面体是唯一那种形状的三维物体，其他所有正多面体不可能每个面都是一样的。上帝在土星的天球里内接一个正六面体，八个角都顶在天球上，又用正六面体将土星与木星的天球分开，使得木星的天球接在这个正六面体的每一面上，然后用正四面体分开木星与火星，并依此类推。行星的创造只能是 6 颗，因为上帝再没有别的正多面体来造下一颗行星 [95; 185; 148]。开普勒对数学的使用确实不同于弗拉德，然而很难说这种使用不是以新柏拉图主义法术传统为基础。

威廉·埃蒙（William Eamon）指出，自然法术是"杰出的宫廷科学" [84; 225]。它繁荣于欧洲的宫廷，尤其是在科学革命时期的早期阶段 [87; 88; 139; 213; 214]。可以

---

① 即正四面体、正六面体（即立方体）、正八面体、正十二面体和正二十面体。——译者注

说，那些最早的关注自然知识的宫廷学院的组建，就是
为了发展自然法术。举例来说，切西创办山猫学院是受
到詹巴蒂斯塔·德拉·波尔塔（Giambattista della Porta,
1535—1615）的启发，后者在那本简明的《自然法术》
（*Magia Naturalis*）一书的序言里指出，要用山猫一样的
眼睛观察自然以便利用自然事物[84: 229—233]。占星术向
来在大学里较为重要，尤其是医学系[294]。但在 16 世纪
和 17 世纪，法术传统的其他方面也发挥了重要作用，尤
其是数学法术以及深受炼金术启发的医学理论的其他方
面[91; 213; 216]。法术坚信征象，坚信创造之阶梯中各个
层级间的感应，这也成其为细致观察并记录矿物、植物
以及动物的主要动力[246: 第 8 章; 87: 245—246; 8; 10; 305]。就
连新的自然哲学仪器也不能免俗，仍带有以前那些法术
器具的特点。透镜、平面镜的幻觉把戏向来是自然法术
师的最炫目技艺，当望远镜和显微镜首次被引入自然研
究时，大多数自然哲学家都以极其谨慎的态度对待它们
[301; 302; 136; 15]。

　　不可否认的是，在经院的自然哲学向科学革命那新
型的、更实用的、更重经验的自然哲学转变的过程中，
法术传统起到重要作用。可是，法术传统有些方面怎样
被吸纳，另一些方面又怎样被摒弃，仍然欠缺清晰的细
节研究。可以想见，故事的一部分由对相关问题认识的

提高所决定，包括赞助人和从业者越来越多地意识到什么样的方法才最有效，什么样的基本假设才能推出最有成果的结论，等等[153]。法术的公众形象向来都是很糟糕的——主要是由于自我标榜的法术师往往是骗子，并且教会又不停地予以抨击，锐意改革的自然哲学家理所当然地要加入否定法术的大潮里，但同时也从法术传统里吸取他们认为有用的东西。举例来说，塞思·沃德（Seth Ward，1617—1689）1654年与约翰·韦伯斯特（John Webster，1610—1682）围绕大学课程里没有法术的问题进行争论，就体现出这种态度。沃德贬低法术是一种"欺骗的伎俩和招摇的噱头"，"假装了解事物的特定品性和玄妙的天界征象"，却也紧接着指出，"有关自然之谐声的那些发现，以及使动力因（agent cause）和质料因（material cause）产生效果的那些规则，才是真正的自然法术，是一切哲学研究共有的人文目的"[72: 228—229]。说到对待法术的这种双重态度，最好的例子也许就是培根。培根从法术传统里得到灵感，提出新方法，发展出被称作"半帕拉塞尔苏斯式宇宙论"的东西，却又有意与法术划清界限，像常人一样把法术说得一钱不值

61 [247; 248; 253; 329]。那个理想化的科学院是培根那乌托邦式的新大西岛的重中之重，他在设定科学院的目标时，所使用的是自然法术师的语言——"我们创办的目的是，

要认识事物的原因及其秘密运动，扩大人类国度的界限，实现一切可能之事。"他还自由地使用法术资源，当作他那百科全书式的《木林集》(*Sylva Sylvarum*，1627)中的大部分素材。由他的批评可清楚看到，他发现法术的做法有很多错误，但不容置疑的是，他自己的工作受到法术传统很大影响[253；150]。

帕拉塞尔苏斯主义[71；74；312；25]、赫尔蒙特主义[229；41；183]以及延伸出来的其他化学哲学，作为非主流的传统都遭遇着相似的命运。帕拉塞尔苏斯主义的很多观念被吸纳进医学主流，化学疗法也进入官方药典，但帕拉塞尔苏斯本人及其追随者常遭贬损。帕拉塞尔苏斯由于与传统的盖伦医学彻底地断裂，所以被看成医学界的路德。这也意味着，帕拉塞尔苏斯主义不太容易被正式承认。盖伦主义在医学院校里根深蒂固，发放行医执照的权威机构医师协会（colleges of physicians）要求有执照的从业者遵从正统的盖伦主义。既然盖伦主义有如亚里士多德主义，是又一个传统权威，那么，信奉帕拉塞尔苏斯主义当然会被视为颠覆的标志。在被宗教或者政治的纷争弄得分裂的社会里，帕拉塞尔苏斯主义是很盛行的。在16世纪晚期的法国，新教的胡格诺派促进了帕拉塞尔苏斯主义。在17世纪早期信奉新教的德意志诸邦中，尤其是在波希米亚，帕拉塞尔苏斯主义也相当盛行，直到被尝试重振天主教的神圣罗马帝国皇帝斐迪南二世（Ferdinand II）打压下去 [25；251；74]。随后，在议会统治下的英格兰，帕拉塞尔苏斯主义也颇为兴盛。医师协会当时被视为"盖伦医学的皇宫"，盖伦作为医学界的暴君要像查理一世（Charles I）一样被废黜 [251；312；49；208；245]。不可避免地，王政复辟以后帕拉塞尔苏斯主义由于自身与激进派的联系，在英格兰很快式微，尽管它在医疗实践里留下了踪迹。只有细致地研究药典和医疗实践方面的变化，才能揭示帕拉塞尔苏斯主义和其他化学哲学有哪些要素出现在科学革命时期刚刚树立边界的"科学"那一边，而其他要素则留在边界另一边的黑暗里。也只有考虑到社会、宗教和政治背景的研究，才能够解释这些边界为什么会树立在它们所在的那个地方。然而，*62* 与此同时确实完全可以说，在确立以经验和实用的态度来求取自然知识的过程中，法术传统起到重要作用。

　　但这并不是故事的全部。法术的影响并不局限于一般的方法论方面。有大量案例表明，实质性的概念革新很大程度上也归功于法术的思维方式。这些可不是一些微不足道的革新，法术的那些观念可以被认为在许多重要自然主义者的思维中起重要作用。撇开那些化学哲学家不谈，他们在这方面已不必说，名单还要包括吉尔伯特、开普勒、波义耳，以及牛顿。

不妨来看吉尔伯特，他关于磁力的实验调查被公认是奠基性的。埃德加·齐尔塞尔、J. A. 本内特和斯蒂芬·庞弗莱（Stephen Pumfrey）[331; 12; 240]指出了罗盘在社会经济方面所具有的重要性，也指出了航海者、海员这类人受实用性激发的调查是促使吉尔伯特进行调查的一个主要动力，也是吉尔伯特的方法的一个主要来源。可是，哪怕只是粗略地阅读吉尔伯特的《论磁》（De Magnete, 1600），也足以了然他研究自然世界的路径是泛灵论的、法术的。对他来说，地球是一个有灵的物体，能够以与磁体的自转完全相同的方式自转，而磁体向来被认为是法术事物的最好例证。事实上，吉尔伯特的写作贯彻着一种哥白尼式的思路。有一项针对哥白尼主义的根本异议是他要破除的，他要对地球的运动做出解释。他的很多实验所关注的，是确立磁体的自发运动，因为他深信磁体都是有灵魂的。他甚至还提出（柏拉图主义的影响昭然可见），磁体的灵魂优于人的灵魂，它不会遭遇来自感官的欺骗，人的灵魂则常常遭遇感官的欺骗。他随后进行的实验是为了证明地球本身是一个巨大的磁体，以方便得出结论，认为地球是有灵魂的（从而是能够自行运动的）[149; 148]。

开普勒在他那物理主义式的《新天文学》（1609）一书里吸收了吉尔伯特的观点，在解释行星围绕太阳运动

时使用了某种类似于磁力的东西。我们还可以看到，法
术传统在开普勒的思考方式里所占据的比重，远甚于在
他的著作里所占据的。前面已经提到开普勒想解释何以
只有 6 颗行星，可他还想弄清楚为什么这些行星会被安
放在它们现在的位置上。这让他很困惑，因为这些行星
的位置并没有什么明显的模式，相互间隔距离不是很均
匀。开普勒的几何原型尽管看起来是不可信的，把 5 种
柏拉图正多面体放在行星的天球之间，却也算是给问题
提供一个明确的解答。这些柏拉图正多面体，不仅确定
了可能只能有 6 颗行星（这是因为就连上帝也不能再造
出别的各个面完全相同的正多面体），而且预先给出了
追随哥白尼的天文学家依据几何计算才可得到的间隔距
离——至少在大体上是给出了的 [95]。哪怕在发现了椭
圆轨道以后，他也没有放弃这个以行星的天球概念为基
础的几何原型。为了解释为什么上帝用的是椭圆而非圆
（或球体），开普勒求助于毕达哥拉斯主义和新柏拉图主
义的天界和声传统。他论证说，以不变的速度在圆形轨
道上运动的诸行星只能够形成单音调，以有规律变化的
速度在椭圆轨道上运动的诸行星则能够形成音符的起伏。
在尝试着弄清楚各行星具体音符的过程中，开普勒借用
第谷的准确观察，计算各行星在距离太阳最近与最远时
的速度。开普勒的行星运动第三定律给出了一颗行星在

天界完成运行一周所花的时间和它与太阳平均距离之间的准确关系，于是他仍然可以坚持他的几何原型。各行星与太阳的平均距离给出了一组圆形（或者球体），这些与柏拉图正多面体的安排正好配合。令人称奇的是，即便有了第谷的那些关于行星的观察（它们与关于行星的现代观察相差无几），这种配合的准确性仍然是很出色的。难怪开普勒坚信，他发现了上帝创造宇宙所依据的那份蓝图 [95: 第5章; 24; 289; 199; 148]。

　　毕达哥拉斯主义或者新柏拉图主义的宇宙和声传统，也表现在牛顿的著作里。牛顿留下一些手稿，原是准备加到后来被放弃的《自然哲学的数学原理》第2版里，可以看到牛顿沉迷于法术的、宗教的思辨，感兴趣于毕达哥拉斯的古代追随者们所信奉的关于"万有引力"的隐秘知识。（顺便说一下，毕达哥拉斯被认为是法术谱系里的重要人物。毕达哥拉斯社团的会徽是五角星，五角星的所有线段是按照黄金比例相互分割的。五角星后来成为众所周知的法术师的象征。）毕达哥拉斯主义的天球和声学说，其象征是太阳神阿波罗拿着七弦琴；按照牛顿的说法，这表明他们认为太阳遵循平方反比定律吸引行星 [204: 116]。完整的摘录表明，牛顿好像信奉数字"7"在数字命理学方面的重要意义。数字"7"在牛顿的著作里起着重要作用，可不止体现在这一处。他关于光 *64*

谱色彩的探讨，不管是早年提交给伦敦皇家学会的文章（1675年出版），还是1704年出版的《光学》（Opticks），都在色彩与7个八度音之间建立了一个准确的类比。牛顿甚至宣称，在重复实验中，将投射出的色彩的位置标记在纸片上，可以显示出这些标记的间隔与和弦位置之间的一致性，而通过这些和弦位置，相应长度的单弦被连接起来以产生自然音阶中的音符。不过，从牛顿生前不曾发表的光学讲稿里我们了解到，他起初测量得到的是5种色彩的距离，后来才增加橙色与靛色 [121; 153]。这意味着当英国的学童了解彩虹的7种色彩时，他们都在不经意间向牛顿有关宇宙和声的信念，而非他的实验方法致敬 [122, 153]。

牛顿也是一位炼金术士。长期以来史家们认为他的炼金术与我们理解他的科学工作毫不相干，最近则更多地把这看作他有关物质本性的思考的重要内容。多布斯、韦斯特福尔坚称，正是由于熟知炼金术的思维模式，牛顿才让他的物理学体系奠基于物质微粒之间吸引与排斥这两种玄妙的力量 [77; 320]。

这毫无疑问是正确的，但同样重要的是，还要承认胡克在牛顿成熟的哲学体系形成过程中所起的作用。有证据表明，牛顿的炼金术只是让他假设微粒之间有排斥力。胡克在1679年告诉他，行星的直线运动是由于受到向着太阳的吸引力而弯曲成椭圆运动，这种吸引力与太阳和行星距离的平方成反比，应该用这来解释开普勒的行星运动定律（参看本书第三章第一部分）[44]。正是在这之后牛顿添上了吸引力，并提出一种用一切物质微粒间的吸引力和排斥力来解释所有现象的物理学 [319; 320; 145]。既然牛顿在经胡克提醒之前已是炼金术方面的熟手，也就不能忽略胡克的重要性。尤其要看到，就像最近有观点指出的，要理解胡克本人关于这件事情的思考，我们只须看看当时英格兰自然哲学的主流景象就可以了，当时已经对物质里的"主动本原"（active principles）这一观念抱有好感 [145]。不管怎样，事实都是尽管胡克的提议是基于力能够超距作用的玄妙观念，牛顿还是很快接受了这一提议，因为他在其炼金术活动中已经适应了这样的思考方式。

　　我们还可以看到，炼金术深刻地影响了牛顿科学思想的其他方面。从早年提交给伦敦皇家学会的《光的假说》（*Hypothesis of Light*，1675）①，到《光学》新编第 3版增加的思辨性的"疑问"（Queries，1717），牛顿显然都用到了炼金术有关光的主动性，有关光与物质互动并

---

① 完整的题名是《解释光的属性的假说》（*Hypothesis Explaining the Properties of Light*）。——译者注

赋予物质以主动性的观念。倘若是从别的地方得到了有关引力这种玄妙力量的观念，那么，牛顿有关物质中的主动本原的思辨（其中一个主动本原大概就是引力的原因）仍然直接来自炼金术传统[77; 78]。必须承认的是，牛顿的引力就像机械论者莱布尼茨在惊恐中所注意到的那样，确实是一种玄妙的力量，能够隔着遥远的空间超距作用。即使这个概念并非纯粹地来自牛顿的炼金术研究，但牛顿如此轻松地将其采纳，这仍然证实了法术传统在其思想中的重要性[77; 320]。

波义耳是比牛顿年龄稍长的同时代人，作为当时英格兰最受景仰的自然哲学家[278; 279; 163]，波义耳也是一位亲自实践的炼金术士。可以看到，炼金术方面的理论对于为他赢得名声的自然哲学细节有塑造之功。波义耳的"微粒哲学"（corpuscular philosophy）已被认为在根本处来自笛卡儿哲学，或者来自古代原子论的复兴者皮埃尔·伽桑狄（Pierre Gassendi, 1592—1655）的哲学，很多方面其实还是与某种特定的炼金术传统更相近些——主要是《完满大全》（*Summa Perfectionis*）[220; 221]，以前错误地将其著者说成阿拉伯的炼金术士盖伯（Geber）。波义耳自然哲学的其他方面可被看作来自炼金术传统的一些更广为人知的内容[238; 239; 40]，还有些来自赫尔蒙特的化学哲学[41]。

自然法术传统在文艺复兴时期的复兴，对科学革命还有一个极其重要的贡献。自然法术的其中一个主要前提是：某些（如果不是所有的）物体有玄妙的力量，能够作用于一些或所有其他物体。当时所有人都认为，行星、磁体，以及某些矿物、植物甚至动物，具有治疗各种疾病的能力，形成各种不同的影响，这些就是较典型的玄妙的性质。之所以称之为玄妙力量，是因为它们都是感官感受不到的；我们不可能透过我们的感官感受到磁体的力量，只能通过它的效果知道它的存在；单凭内省，我们不可能理解大黄（rhubarb）是怎么帮助清肠的，但它的效果是无可怀疑的。在传统的经院亚里士多德主义里，这类玄妙的性质是一种颇有些尴尬的东西，很难把这些感受不到的原因措置在基于明显的原因进行解释的自然哲学里。运用热、冷、湿和干这类明证的性质解释变化，经院哲学家们会觉得可信；求助于玄妙的性质，无异于承认智识的一败涂地 [164; 212]。

在医学传统里，由于往往要承认不可能根据药物的明证的属性来解释药物的效力，玄妙的性质也就常被说起 [212; 53]。随着有关植物和动物的知识迅速增加（这是观察性的自然史蓬勃发展的一个特征），随着化学疗法的发展、化学知识的其他进步，就出现了一个有关玄妙的性质的全新领域。亚里多士德主义的自然法术师，像乔瓦尼·皮科、蓬波纳齐，以及后来锐意改革的亚里士多德主义者，如吉罗拉莫·弗拉卡斯托罗（Girolamo Fracastoro，约1478—1553）、让·费内尔（Jean Fernel，约1497—1558）和达尼尔·森纳特（Daniel Sennert，1572—1637），都在想办法把这类玄妙的性质措置在亚里士多德的自然哲学里。

主要有两种路径。一种路径认为，这也是自然因果的某种表现，虽然感受不到，却并非不可理解［这方面的例子包括微妙精气的流溢，或者一些肉眼不可见的微粒散发物（effluvia）的运动］。另一种路径则强调这些玄妙的性质的实在性，指出其效果具有经验方面无可否认的实在性。这是又一个重要动力，促成以经验的方式研究自然 [164; 212; 53; 145]。

这些观念在科学革命时期的新自然哲学里结出硕果。著名的事情是培根驳斥三段论演绎逻辑而择取归纳逻辑，这其实就是将自然法术传统里那种隐而未宣（如果并不是明而宣之）的逻辑提升上去 [146]。培根收集经验事实并归入"例证表"的方法，有效地否定了经院哲学对明证的性质与玄妙的性质的区分（他坚信只有先于理论收集基本的事实，才能保证对一个自然现象的解释不会受预判或者偏见的主宰）[197; 255; 329; 150]。与热（对于经院传统来说，热是一种明证的性质）有关的事情和与磁力

（一种有代表性的玄妙的性质）有关的事情，要用相同的方式来对待；结果便是热不再是明证的（培根认为这是物体里微粒"扩张的、受到约束的"运动），而磁力似乎也并不比热更难以理解 [164; 212]。

虽然培根直到辞世之时也不曾全面地说清楚他那全新的归纳方法，但有一点他确实成功地折服了下一代的很多自然哲学家（特别是他的同胞）——实验方法能够帮助认可在科学的解释里使用玄妙的性质 [145; 147]。在英格兰发展起来的所谓"实验哲学"，可以使用未被解释清楚的物理现象，只要现象的效果可以通过实验手段展现出来。波义耳、胡克经常运用空气的"弹性"来解释空气现象。他们回避了对空气会尽力自行扩散的原因的假设，满足于坚决主张这个现象的实在性，因为空气泵的效果把这一点表现得很清楚 [145; 279]。可以看到，牛顿对莱布尼茨的指责自信地做出反击，也体现出了培根式的传统。莱布尼茨说牛顿的引力定律是一种"经院式的玄妙的性质"，但对牛顿而言，纵然引力的原因是玄妙的，引力本身仍可被视为明证的性质，因为我们在日常生活里体验到了它，因为牛顿对它的运作做出了精确的数学分析 [145; 147]。

文艺复兴时期亚里士多德主义的自然法术师对玄妙的性质在当时的繁荣有两种回应，对于他们来说这大概是自然史、化学和其他技艺发展的结果。英格兰的自然哲学家更强调那种通过实验得出结论的方式，然而欧洲大陆所强调的则是给玄妙的性质的感受不到的运作方式找到可理解的原因以进行解释。要想理解这一差异，就必须关注社会和政治背景方面的差异。虽然围绕暗藏着的、可以理解的原因而给出的各种假设，只会导致自然哲学领域内的争论与冲突，但是培根收集事实并通过经验的方式确立玄妙的性质实在性的方法，能够为波义耳和其他人的和平目标所用，他们想给出一种能够清除分歧、促成普遍一致意见的自然哲学。于是可以看到，自然法术传统的这个方面确实适合波义耳以及其他有着同样想法的英格兰同时代人要在哲学、宗教甚至政治方面进行改革的雄心，夏平、谢弗和其他人都谈到了这一点 [279; 281; 327; 64]。当然，某种与英格兰自然哲学这种和平追求相同的思路还可以回溯到该世纪初 [147]。

因此，我们再一次看到，实验方法，特别是英格兰的实验方法，连同其对培根收集事实的做法的重视，其对思辨性理论取向的坚定拒绝，很大程度上就是来自自然法术传统。还可以看到，自然法术师通过所设想的感受不到的物理手段把玄妙的性质置入自然哲学的努力，在机械论哲学新体系形成过程中起到重要作用 [164; 212]。那些新体系是科学革命的另一个显著特点，下一章我们将会谈到。

第五章

机械论哲学

文艺复兴时期自然哲学与数学学科都经历了大幅度的变革，但要想能够取代主流的经院亚里士多德主义，还得做更多准备。经院的自然哲学是一个完整的体系，似乎有能力处理大多数有关自然世界的问题。作为该体系之核心的亚里士多德主义，与托勒密天文学、盖伦医学配合得很好。而且亚里士多德主义的基础是一种缜密而且有力的形而上学，经过13世纪以来托马斯·阿奎那（Thomas Aquinas）以及其他教会领导者的努力，这种形而上学通常被看作神学这位"科学的女王"的"婢女"。就考察自然世界的本性而言，无论大宇宙还是小宇宙，方法上的根本统一被视为不可动摇的证言，证实整个体系是真理。文艺复兴时期这种统一渐趋被打破，但知识界的普遍取向是对旧体系缝缝补补，依然恋栈。要想成为一位自然哲学家，就必须得到一把解答所有与自然世界有关的问题的钥匙，结果却是亚里士多德主义的繁荣：到处都是对传统的经院哲学做出往往颇为精巧的改进、改造和重释，使之适合思想领域最新的发现与时尚[269]。

如此景象已让很多人感到满意，但仍有一些人想要求取更多。他们要用一个新的哲学体系代替亚里士多德体系，从根底到枝干全都代替。于是出现竞争，都想推出这样一个新体系；对于当时的人来说，这些被笼统地视为"机械论哲学"，只是版本不同而已。及至17世纪末，从

光的传播到动物的生殖，从气体力学到呼吸，从化学到
天文学，机械论哲学终于有效地取代了经院的亚里士多
德主义，成为理解自然世界所有方面的新钥匙。机械论
哲学标志着与过去明确决裂，并使科学革命成为定局。

最严格的机械论哲学，主要特点是其解释原则被限
定于某一范围。用以解释所有现象的，是力学这门数理
学科里的那些概念：形状、尺寸、量和运动。这种解释
的逻辑是，借此提出一种受限制的、只有通过接触作用
才可设想的因果理论。机械论哲学把自然世界的运作类
比为机械；变化是由物体间的相互啮合带来的（变化也
能以此来解释），好似钟表里的齿轮，或是通过碰撞和将
运动从一个物体传递到另一个物体而带来的。运用生命
的本原或者目的论所做的解释（在解释某个事物的行为
时，将之与所谓目的关联起来：为什么橡树的种子会长
大？因为它的目的是成为一棵橡树，给人类提供木材），
已经遭到摒弃 [但也要参看111]。物体的真实属性区别于仅仅
是由前者引起的第二性质（secondary qualities）；前者包
括尺寸或形状、运动或静止，后者则包括色彩、滋味、
气味、热或冷等 [76; 318]。举例来说，像"醋"这样的事
物，其"滋味"并非真实性质或者属性，只是由于其组
成微粒是尖锐的，敏于穿透，直刺舌头，才有了酸的滋
味。重要之处在于，亚里士多德主义所讲的那些明证的

性质被归为第二性质，是肉眼看不到却构成了大物体的小微粒的运动所造成的。借助机械论的原则，还可对那些玄妙的性质进行解释。明证的性质与玄妙的性质这一亚里士多德式的区别，在机械论哲学里不再有意义，因为所有的解释最终所借助的，都是那些感受不到的微粒的运动和相互作用[164；212]。

这就有了机械论哲学的最后一个主要特点：它的基础是假设物体由肉眼看不到的小原子或者微粒构成。由此也就不必惊奇于在新的机械论哲学体系形成背后，主要的灵感来源之一是复兴的德谟克利特（Democritus）的古代原子论哲学，尤其是伊壁鸠鲁的原子论。事实上，作为一种主要的机械论哲学体系，伽桑狄哲学体系的基础就是对伊壁鸠鲁自然哲学进行重构的尝试[179；31]。然而，并非所有的机械论者都相信存在着必然不可分割的原子。很可能一个机械论者也同意物质无限可分，却又坚持在实践中参与所有自然变化的都是基本的最小微粒。比如波义耳就只说自己是微粒论者，从不说自己是原子论者[279]。

推动形成物质的微粒理论的另一个主要动力，孕育自亚里士多德主义传统的内部。主要开始于阿维罗伊（Averroës，1126—1198）在12世纪所写的关于亚里士多德的很有影响的阿拉伯语评注（约1150年），又得益于文艺复兴时期越来越关注化学方面的变化，实体由所谓"最小自然物"（*minima naturalia*）构成的假设在有关物质本性的经院哲学思辨中所起的作用越来越明显。折中的亚里士多德主义者，如森纳特、弗拉卡斯托罗和戴维·范·古尔勒（David van Goorle，活跃于 1610 年），把"最小自然物"的传统同原子论结合，用于改革医学和化学理论[303；206；86]。这些改革有一个重要的方面是确立一个虽被认为不可分却有着有限尺寸的微粒概念。以前的原子理论失败了，因为它们大概可被称作"数学原子论"，它们主张原子不可分只是因为原子是几何学上的点，没有广延。可这种没有广延的原子很难被认为可对有广延的实存进行物理解释。还是来看醋的例子。醋特有的滋味来自它的微粒像细微的针。如果用数学式的、没有广延的不可分事物来解释醋的所有属性，必将是徒劳的。根据定义，所有这类不可分事物彼此是相同的。因此，要么所有事物都有着与醋相同的滋味，要么没有任何事物是有滋味的。此外，就像亚里士多德所指出的，没有广延的点就算无限多，也不可能构成有广延的事物。极微小却仍然有广延的微粒，则不会遭遇这样的难处。伽桑狄正是依托这一"最小自然物"的传统，对伊壁鸠鲁原子论里的本原进行解释[179；303]。

最近的史学研究，主要是威廉·R.纽曼（William R.

Newman）的研究，已揭示炼金术传统在物质的微粒理论形成过程中的重要性[220; 221; 也可参看216]。早在13世纪晚期，《完满大全》这部炼金术著作——它曾被错误地归给拉丁西方所熟悉的8世纪阿拉伯炼金术士盖伯（约721—约815）——提出，物质的微粒理论是唯一能与炼金术结果相契合的理论。特别是现在所熟悉的"可逆反应"这种现象，即各成分可以结合形成一种化合物（我们会这么说），之后又从化合物之中还原为原始的形式，使炼金术士拒绝主流的经院观点，因为后者认为，一旦形成一种新的组成成分，原始的成分就已无可复原地丢失了。这种主流观点的基础是亚里士多德的物体理论，认为物体由质料（matter）和形式（form）构成（著名的形质论），形式决定物体的所有属性。化合物有自己的新形式，完全不同于其成分各自独立的形式（这意味着化合物具有与其成分完全不同的属性），因此也就认为各个成分的原始形式在化合物形成的过程中已经丢失或者毁损。既然炼金术的实践表明成分是可以复原的，炼金术士就要寻找一种不同的物体理论。在纽曼看来，《完满大全》之后有一个连续不断且充满活力的炼金术传统坚持遵循着物质的微粒理论。这种微粒炼金术在17世纪初十分繁荣，最得力的推动者有利巴菲乌斯、森纳特，随后它还在波义耳那受到了炼金术启发的实验机械论哲学的形成过程中起重要作用 [221; 220]。

然而，最有影响、在很多方面最令人印象深刻的机械论哲学版本，当数法国数学家笛卡儿发展出的全面的哲学体系 [114; 116; 118; 285; 69: 第5章]。笛卡儿的哲学以数学与物理学的整合为基础，依据一种新的形而上学，只从广延的角度定义物质。由此他（至少在原则上）宣称，物理学可以以对运动中的有广延的物体进行几何分析为基础 [115; 118; 142]。但实际上，笛卡儿对世界体系的阐述不曾以实际的数学分析为基础。举例来说，他的有关天界运动的阐述把行星的密度同行星与太阳的距离关联起来，却没有想过要精确地计算这种关系。笛卡儿对于自己的体系在数学方面的确定性的信心，来自这个体系的公理式的结构，来自这个体系的所谓不容置疑的基础，以及由这些基础细致演绎出来的一些现象 [142]。

《世界》（*Le Monde*）是笛卡儿对其体系的第一次阐述，完成于1633年。但他并没有出版，因为他得知伽利略由于遵循哥白尼的学说而受到谴责的事情。1644年他的成熟版本的机械论哲学出版了，即《哲学原理》（*Principia philosophiae*）（仍然是哥白尼式的，但在所有运动都是相对的这一点上用了些精巧的诡辩，这使他看起来好像主张地静说）[118]。物质等同于广延是他的体系的出发点，这意味着他否认有真空，也使得可以主张所有的相互作用都是通过接触作用而产生。世界既然完完全全是充盈的，那么之所以能够有运动，只能是由于出现位置置换（displacement），而这种置换很可能会产生世界性的后果。为了避免出现这种荒谬的情况，还必须说这种位置置换通常会以一种相当局部的循环模式出现。也就是说，某个事物向前运动，就会置换前面事物的位置，以此类推。但可以想见，接替发生的这一个个位置置换会形成一个圆环，最后总会有一个被置换的物体占据最初运动的物体所留出的空间。于是就可以说，一个运动的物体在周围密集的微粒中造成物质的循环，形成一个或一系列这样的涡旋 [2; 114; 118; 285; 318]。

通过这一涡旋理论，再借鉴对于离心运动（如人们熟悉的打弹弓）的机械论解释，笛卡儿便可解释天界运动和重力。假设有一个巨大的物质涡旋，中心处那些最细小的微粒由于离心倾向较小就会积聚。微粒在中心处拥挤、推搡，由此就有了摩擦，带来光与热，就像我们在太阳和恒星那里看到的（每一个恒星都是一个巨大涡旋的中心）。更大的微粒相互聚合，形成一个个行星。它们被涡旋裹挟着，运行在与其密度相称的固定轨道上。举例来说，一个行星越靠近涡旋中心，遇到的微粒就越小，微粒的运动也就越快（至于较大的微粒，由于有较大的离心倾向而离中心更远一些），其运动就会相应地增加，却又由于有了更大的离心倾向而再次向外移动。这个体系就是这样自我调节的。可是，为什么较大的微粒会聚合形成行星呢？这一点并没有得到很好的解释。不过，只要一个行星形成，它就会成为它自己的涡旋的中心。从行星的角度来看，行星周围微粒的运动有相对于行星的离心倾向，由此也就可以用于解释重力 [2; 115; 116; 118; 285; 316]。

笛卡儿体系的另一个重要前提是，世界上运动的总量始终是恒定的。笛卡儿试图运用由他的三个运动定律推论出来的七个碰撞规则，确定运动由一个物体传递给另一个物体的具体方式。从表面上看，这些规则本身似乎有很多说不通的地方。譬如，一个运动的物体，不论速度快或慢，笛卡儿都否认其能够让更大的静止物体运动起来。这意味着更大的物体有着某种抗拒运动的力量，但是这便与笛卡儿哲学另外一个主要观点即物质是完全惰性的不能兼容。物质不可能是完全被动的，它有抗拒运动的力量 [104; 109; 116; 141; 285; 316]。事实上，笛卡儿本人似乎相信，这个规则符合上帝不变性（the immutability of God）的基本原则，也符合他的第一自然定律，即物体只要有可能就会始终保持相同的状态——或运动，或静止。然而，不论笛卡儿的同时代人，还是现代的笛卡儿注释者们，都觉得其中难点甚多 [109; 141]。

实际上，笛卡儿有关世界运动总量守恒的信念，在不涉及碰撞规则时，就已经很有问题了。这将意味着世界上不可能有新的运动。世界某个地方出现运动，世界就会有另外某个地方吸收掉相同数量的运动。这大概不无正确之处，物体间的简单碰撞确实是这样的。我们都很熟悉，斯诺克或者桌球中的母球在把部分运动传递给撞击的球之后就会停下来或者慢下来。可是，再想一想火柴和弹药吧。既然不可能是火柴和火苗的运动促成了炮弹的运动，那么是什么促成了炮弹的运动，这种运动又是怎么通过撞击作用被传递给炮弹的呢？

尽管这些解释对我们来说显得过于思辨，并且也不可信，笛卡儿却坚信它们是真理，因为它们演绎自"人类知识的最简明原理"，并构成一个连续的系列（就像欧几里得的那些定理一样），《哲学原理》结尾就是这样说的。此外，在他的同时代人里有很多也被说服了，因为笛卡儿的追随者固然批评他体系里的某些细节，但也依然深信笛卡儿确实找到了最可靠、最有效的办法来理解自然世界。笛卡儿主义的一个重要方面是，它果断地致力于涤除传统的有关"技艺"与"自然"的区别。按照传统的看法，自然的进程与人工的进程完全不同，绝对不可以拿其中一个进程的运作来诠释另一个。这个假设已被数学家以及其他技艺领域（比如炼金术）里的技术人士抛弃，取而代之的观点是人工的进程取决于自然现象，相应地，也可以通过人工制品的运作来理解自然现象 [68; 221; 12; 21; 83]。笛卡儿则正式明确了这一点，因为《哲学原理》结尾部分说："机械学（mechanics）里的解释没有哪一个是不适用于物理学的，机械学是物理学的一个部分或者一种。" [115; 116; 118] 对我们而言，这大概是常识；但对笛卡儿的大多数同时代人来说，这是一桩激动人心的革新：他们一直都以为物理学只关注自然世界，机械学只关注人工机械的运作。

75

笛卡儿的号令响彻欧陆，尤其是在法国和尼德兰 [178]。但在英格兰，则不曾有同样的辉煌。英格兰盛行的实验哲学不允许轻易地接受任何一种纯粹演绎的体系，并认为笛卡儿的体系在自然哲学领域里是有争议的，就像霍布斯那极端唯物论的体系一样 [279]。笛卡儿在展开体系的时候也运用了实验，但在支持论证方面，实验明显居于从属地位 [109; 142]。因此，笛卡儿的实验更像是在报告什么事情必定会出现，并且前提假设是笛卡儿的论证正确。就像本书第三章第二部分指出的，而且本书第六章还会再谈到，大多数英格兰新教徒认为，一种纯粹演绎或者唯理论的体系是给上帝的全能设置人类的限制。波义耳，还有英格兰其他很多重要的实验哲学家，都拒绝对实验的这种表述 [66; 278; 279]。

这并不意味着机械论哲学在英格兰不曾兴盛。王政复辟以后的所有主流自然哲学家都可以被看作机械论哲学家，不过，他们的那种机械主义（mechanism）与笛卡儿或霍布斯的那种更严格的机械主义有着明显的区别。辨认区别的一个办法是，二者对待自然法术传统的态度截然不同。

本书第四章已指出，自然哲学家在对待玄妙的性质时，或试图用可理解的物质本原（如肉眼看不见的微粒）来解释其玄妙的效果，或采用纯由经验来确认的现象主义（phenomenalistic）方法，依据所观察的效果来证实某一玄妙的性质实际存在，以上两种方法都是改革性的。之前还说到其中第二个方法更合乎英格兰自然哲学家的旨趣，他们愿意突出以实验为基础所得出的事实还有别的理由（即神学理由——以经验为基础得出的结论与纯粹出自理性的结论不同，不能用来规定一位理性的上帝必须如何运作，从而限制了上帝为所欲为的全能）。于是便有了这样一种版本的机械论哲学：它并不断然认为物质是完全被动、完全惰性的，就像笛卡儿或者霍布斯的体系所讲的那样；它认为物质微粒很可能也具有一些主动本原，从而可以解释像磁力、引力这样的玄妙现象，以及各种化学属性（举例来说，火药的爆炸属性），但这些主动本原依然可以在自然哲学里通过实验演示和操作

76

来处理 [145；41；42；147]。

同样重要的是，伽桑狄在英格兰要比笛卡儿有影响得
多 [145]。在伽桑狄看来，在创世之初原子便被赋予一个内
在的运动本原，一种"自然冲动"、"内在能力"或"力"，
以始终维持运动，或者以某种无法探知其究竟的方式保有
运动的能力（他说，当原子所构成的物体慢下来的时候，
原子中运动的力量"被扼制了"；当物体开始运动的时候，
这力量又"被释放了"）[31：76—79，119—121；227：191—193]。伽
桑狄的哲学在解释生命和化学现象方面，大概也提供了
一种比笛卡儿更可信的方法。至少，按照他的说法，有
些原子拥有一种"内在力量"或"种子的能力"（seminal
power），从而能够创造出植物的种子——或者，要是有
"石头的"或者"金属的"内在力量，就能够创造出石头
和金属 [31：129—133]。将伽桑狄自然哲学转述到英语世界
里的，便是沃尔特·查尔顿（Walter Charleton，1619—
1707）于 1654 年出版的《伊壁鸠鲁、伽桑狄和查尔顿的
生理学》（*Physiologia Epicuro-Gassendo-Charletoniana*）
一书。伽桑狄自然哲学对包括波义耳、牛顿和哲学家洛
克在内的英格兰重要思想家产生巨大影响 [145]。伽桑狄
在哲学方面对伊壁鸠鲁的原则所做的认真复述，不仅细
致论证了原子论如何能够用于解释自然现象，还使原子
论在神学方面、道德方面受到尊重 [227；179]。

英格兰机械论哲学传统的顶峰，当数牛顿的《自然哲学的数学原理》（1687）及《光学》新版所增添的那份内容不断扩充的附录"疑问"（1704、1706、1717）。牛顿在《自然哲学的数学原理》第 2 版里增添的"总释"里写到，通过现象的归纳可以得出，"引力确实是实际存在的，且依据我们所解释的那些规律在作用"，即便引力的原因仍然是玄妙的。牛顿这样做，就大大地冒犯了惠更斯、莱布尼茨这类思想家那笛卡儿式的理性思维。

对惠更斯而言，所谓"吸引"（attraction）概念，从机械论的角度来看根本算不上是解释。在《论引力的原因》（*Discours de la cause de la pesanteur*，1690）一书里，他只限于用改良过的笛卡儿涡旋理论解释引力。为了克服笛卡儿本人的理论不能解释地球两极的引力这一尴尬的事实（因为涡旋只能够围着赤道旋转，在两极理应不会有离心力，从而也就不会有相应的向心倾向），惠更斯提出，造成了引力的那些微粒，沿着各个方向环绕地球运动，环绕着两极，环绕着赤道，也环绕着地球表面任何别的大圆。（这些微粒肯定都非常小，以至于可以在不造成相互干扰的情况下这样做。）[76; 328]

莱布尼茨也批评牛顿的引力是一种"经院式的玄妙的性质"[145; 164]，始终不为牛顿就其引力概念所做的方法论辩解所动。牛顿试图用物体运动解释力，但莱布尼

茨坚持认为反倒应该用作用于物体的力来解释物体的运动；牛顿似乎是在本末倒置！[316; 252]

　　富有反讽意味的是，莱布尼茨本人关于力的解释，同样受惠于经院哲学里关于实体形式（substantial forms）的学说——该学说遭到其他所有"新派"哲学家的一致抨击。莱布尼茨热衷于在宗教与哲学这两个极端之间做调和；他的实体形式概念尽管与经院哲学本来的意味相去甚远，但仍可被视为在经院形而上学与机械论哲学之间做调和。经院哲学里的实体形式，是指那些使得给定的质料成其为某个具体事物的东西，或曰个别的实体。构成栗子树和鲸鱼的，是相同的没有差别的质料；造成它们的差别的，是实体形式。后来的经院哲学越来越倚重实体形式，以解释不同实体的个别属性，如磁体的吸引力。新派哲学家普遍抨击这种没什么用处、算不上解释的解释；这个理论不外乎就是说，一个实体表现出了特殊性，只是因为它基于其自然本性而要那样表现[86; 180]。牛顿关于引力的解释，在莱布尼茨看来根本就是经院哲学那一套。莱布尼茨本人则认为，"力"是在机械论哲学的框架内理解实体形式的关键。笛卡儿的机械论哲学致力于用运动的物质（或广延）解释所有现象，莱布尼茨则指出，物质其实不过是"原初的被动力"（primitive passive force），是抗拒穿透、抗拒运动的能力，至于运动，只是物体之间的关系由于"原初的主动力"（primitive active force）的作用而发生变化使然。这"主动力"，这存在于物体里的主动性的本原，以及物体运动的原因，就是莱布尼茨哲学的根基 [110]。经院哲学那些模糊不清的概念，如形式与质料，被莱布尼茨改造为机械论的基本原理，摇身变成运动的力量与对运动的抗拒。这显然重新肯定了机械论者想运用运动规律解释所有现象的志向，此外，至少对于莱布尼茨而言，这还从形而上学的角度解释（或者定义）了"力"是什么。牛顿坦承不知道"力"究竟是什么，他只说是根据其效果而知道有它。莱布尼茨却把"力"定义为一个实体的一个基本成分：一个物体的本质是力量而非广延 [28; 110; 252]。

　　由此可见，莱布尼茨与牛顿一样，在把"主动性"概念引入物质的同时，也就越出了严格的机械论原则。不过，就莱布尼茨而言还可看到，他的"力"的概念的原型完全以严格意味上的笛卡儿式的"碰撞力"（force of impact）概念为基础。在莱布尼茨的哲学里，不存在"力"能超距作用的观念 [316; 3]。莱布尼茨的"力"的基本概念极好地体现在"活力"（vis viva）这一措辞里。他用这一措辞来衡量运动的物体所能产生的效果，而拒绝采用笛卡儿有关力是运动的量的观点。莱布尼茨的"活力"概念于 1686 年首次发表在《博闻学报》（Acta Eru-

ditorum）上，并引发了一场旷日持久、延续至 18 世纪的大争论[134; 166]。

对于莱布尼茨本人来说，保存在宇宙间所有物理相互作用中的是"活力"，而不像笛卡儿以为的那样是运动的量。发展这个概念，意味着拒绝采用笛卡儿、惠更斯甚至牛顿的数学抽象概念。他们把碰撞的物体都看成是绝对坚硬的，从而可以在碰撞的瞬间传递运动。而莱布尼茨坚持认为这不符合实际情况，他推出一种碰撞理论（theory of impacts），其基础是假设物体之间先形成挤压，随后恢复其所谓的完全弹性的部分来传递运动[316; 3; 110]。

运动在碰撞中传递是机械论哲学的一个必要条件，是机械论哲学的因果关系理论的根本，然而对那些坚持物质的完全被动性的机械论版本来说，却也是一个主要的绊脚石。17 世纪的思想家们都想不清楚为什么在撞击的时候被传递的只有运动，而没有（举例来说）颜色。如果物质是完全惰性的，为什么会对撞击有所回应？[104; 116: 390; 316] 牛顿避开了这些难题，他假设物体里有主动本原或者力，再将之与其他事物结合，然后解释一些很难洞悉的细节，如运动传递的手段。但莱布尼茨发展的力的概念既能够解释运动的传递，又能与笛卡儿有关力是碰撞力的观点保持一致。

79   牛顿与莱布尼茨有很多表面上的相似之处。他们都对炼金术和新柏拉图主义哲学的其他方面饶有兴致。他们都在很大程度上听命于各自那颇有些古怪的宗教信仰。当然，他们都是了不起的数学家（关于究竟是谁最先发明微积分的争执与纠缠，显然使两位在哲学、宗教方面有了更多分歧[129; 3]）。就这一点而言，更重要的是他们都很清楚，拓展机械论哲学并使之真正富有成果的唯一办法是，承认物质本身一定是主动的。然而，略过表面上的这些相似，我们不能不承认，只有深入理解他们的不同背景，才可解释他们的自然哲学在细节方面的根本差别。

史家们在理解莱布尼茨的"活力"的时候，很容易基于一种事后的才智视其为我们现在所说的"动能"（kinetic energy）概念的雏形，但这种做法会让我们淡忘史学家的主要目标是理解过去本身。莱布尼茨的"活力"概念，实际出自一种谨慎精致的、关联着不可撼动的神学立场的形而上学框架。莱布尼茨所赞许的，是一种唯理智论神学（intellectualist theology），主张有绝对的善、绝对的公正以及诸如此类连上帝都必须遵守的东西。在用"质料"和"实体形式"这类经院概念考察物体的时候，他既然假设原初的主动力构成了物体的形式，也就会进一步认为物体的主动性是物体本质不可或缺的一部分。这意味着，上帝也不可能以别的方式造物；"被动物质"（passive matter）的概念对莱布尼茨来说是一个矛盾的说法。因此，"活力"和它在宇宙所有运作中的保持，是莱布尼茨形而上学、自然哲学和神学的根本 [110]。

牛顿则恰恰相反。他在神学方面是一位彻底的唯意志论者（voluntarist），主张上帝的独断意志不允许有任何预先设想的绝对约束。上帝所意愿的任何事情都是善的，因为这是他所意愿的。创世的细节只能够凭借经验来找寻，不可以凭借理性来重构上帝"必须"是那么做的。相应地，牛顿认为，物质之所以是主动的，只是因为上帝在创世之时把主动本原"赐给了"物质。因此，牛顿像他的上帝一样，随意地设想在引力的吸引、微粒间的排斥里，在发酵和其他经验现象里，都有主动本原。至于莱布尼茨，则受束缚于他的形而上学，要用"活力"的运动力来解释所有现象 [316; 110; 145]。

80 神学、形而上学与自然哲学在牛顿、莱布尼茨的那些观念里的融合，表明他们的争论蕴含宇宙论方面的意义。这特别清楚地体现在莱布尼茨与塞缪尔·克拉克（Samuel Clarke，1675—1729）的往来哲学信件里（克拉克是替牛顿做辩护的），这些信件出版于1717年莱布尼茨辞世以后。信件涉及空间、时间、引力和一般力的本性，涉及上帝与世界相互作用方面的概念，涉及莱布尼茨的形而上学原则，如充足理由律等，充分展现了两种

无法调和的世界观 [4; 300]。

支持牛顿的人执意拒绝与莱布尼茨及其追随者妥协，其实与英格兰当时的政治局势不无关系。莱布尼茨的哲学神学在英格兰的思想家们看来几类于各种激进的、进行自由思考的政治派别——这类政治派别恰是支持牛顿的人要与之划清界限的。因此，他们关于莱布尼茨哲学及其意义的判断，受到 18 世纪早期英国社会政治局势的影响 [274]。就连对后来那些印证"活力"概念有效性的实验所做的诠释，也受到牛顿主义者与莱布尼茨主义者之间先前埋下的矛盾的影响。

机械论哲学显然与力学、运动学和动力学取得的进展是分不开的，但机械论哲学也是一种重要力量，影响了当时自然哲学的其他很多方面。机械论哲学家们通过展示如何解释生命的形式、功能和生命进程，来显示他们的新哲学的丰富性。实际上，完全可以说，对于笛卡儿和霍布斯这两位主要的机械论哲学家而言，关于生命现象和动物（包括人）行为的解释从来都是他们自然哲学的一个主要方面 [75; 143; 116; 285]。

笛卡儿的起点是哈维有关心脏和血液的研究。他剔除了哈维研究里的活力论因素，又摒弃哈维有关心脏运动方式的解释，对血液循环提出一套机械论解释。与古代盖伦的观点不同，哈维已经证明心脏运动周期的主动部分是它的收缩（systole）。但哈维认为，心脏的活动是由血液固有的生命力量（vital power）激起并维持的，它赋予心脏自己的脉搏能力 [228；133：第17章；101：第1章；62]。这种解释并不合笛卡儿的意。笛卡儿吸取了以前关于生命有机体内的先天生命热（vital heat）的概念 [207]，认为在心脏的左心室里有某个类似于燃烧的火的东西。血液在从温度较低的肺部进入心脏的左半部时，会立即由于热的作用蒸发，由此造成心脏迅速扩张，蒸发了的血液也快速地离开并进入动脉血管，融入动脉系统。扩张的心脏开始收缩，正好有更多的血液再一次从肺部进入，于是便再次启动循环 [143；133：第18章；318：第5章；207：第3章；125]。

尽管笛卡儿关于心跳所做的机械论解释有别于哈维关于心脏收缩是一种主动功能的精致实验演示，但他坚持认为，心脏的运动必定依从心脏各个部分的配置，与钟表运动必定依从齿轮的排布相类似。心脏里的火，据说与无生命体里其他那些不曾烧出光亮的火没有什么区别（他所指的是发酵，发酵在当时还没有被发现是由微生物的活动造成的），被他当成其他所有身体运动的源泉或起源。

笛卡儿接着构造出了一种思辨的生理学，把动物和人的身体当成基于液压系统的复杂自动机械（automata）。尽管害怕得罪罗马天主教会而没有出版《论人》（*Traité de l'homme*），他在《谈谈方法》（1637）一书里还是谈到了自己有关心血运动的观点，借以表明一种机械论生理学是怎么回事。事实证明这一观点极有影响，并且机械论试图解释生命（又或是为生命辩解）的势头在整个17世纪都在增长 [75；143；207；243]。

在英格兰，新的机械论自然哲学在17世纪50年代与哈维所发起的那种细致的解剖实验主义相结合，形成一种相当连贯的研究传统，并一直延续到70年代。该研究的主要焦点是呼吸问题。关于呼吸的目的，以前存在着两种主要的理解，要么认为呼吸是为了让系统冷却，要么认为呼吸是为了把空气带进心脏的左心室。但在17世纪50年代这两种说法都遭遇贬斥，取而代之的是一种机械论假设——呼吸是手段，通过它把血液从右心室输送到左心室，或者翻搅、混合血液里的微粒；然后又逐渐形成新的假设——血液通过肺的输送，吸收空气里某种为生命所需的重要成分。这个观念首先出现在17世纪50年代，以约翰·梅奥（John Mayow，1641—1679）在1668年和1674年以及托马斯·威利斯在1670年的倡导最为有力 [101；133]。

机械论哲学也被用于理解肌肉运动，或者对导致骨骼运动的负荷量进行力学分析（把骨骼看成一组复合杠杆），博雷利是这方面的例证 [318；133]，又或者对使肌肉收缩的化学手段做出更富有思辨性的理论思考[101; 133; 318]。对肌肉运动的解释，须与对从身体外部事物输入感知的过程的解释，与对欲望、情感或曰"激情"这些内部现象的解释相容，而且实际上还须是这些解释的延伸。只有这样，动物行为的所有方面才能够被简化为对相关刺激做出的机械式回应。以前使用植物灵魂或动物灵魂的运作来解释的所有事物，现在用机械论哲学来解释。这些灵魂被认为是赋予生命体以繁殖、生长和营养能力（植物灵魂），或者感知、欲望和自行运动能力（动物灵魂）的实体形式。现在则有了所谓生命体是"动物机械"（*bêtes-machines*）的新概念，动物机械始终严格地按照力学定律运行[75; 133; 143; 109]。

新哲学在这个方面遭遇的主要挑战，是动物的生殖。亚里士多德的标准解释是，在雄性精液或其中某种东西的塑造作用下，动物身上纷繁迥异的各个部分从一种（在卵或者子宫里）未分化的液体中逐渐出现。笛卡儿的解释与之区别只在于：笛卡儿不同意亚里士多德所假设的进行塑造的施动者"像灵魂一样"并具有意向性。笛卡儿认为父母的胚种（*semina*）结合形成发酵作用，激活了它们的微粒，从而挤压其他微粒，并按照机械规律慢慢形成动物胚胎的各个部分。为防止有人批评这一解释略显模糊，笛卡儿简单地断言，要是掌握了充足的细节知道精液的微观结构，那么我们就能够"根据完全数学化和明确的理由"把成年动物的形状与结构推断出来[325; 243; 100; 258]。

此后众多机械论哲学家却并没有被说服，他们开始推出预先存在（pre-existence）的概念。其中最重要的事情是，斯瓦默丹对昆虫所做的显微解剖学研究所带来的启发。斯瓦默丹利用显微镜进行解剖，发现毛虫是未蜕变的蛹的雏形，而未蜕变的蛹则是蝴蝶的雏形（1669），于是他提出了嵌套理论（theory of *emboîtement*，1672）。他坚持认为，不存在无定形的物质变形成植物和动物的有组织形式这样的事情，只有预先已存在的看不见的部分成长为看得见的东西。预先存在的理论之所以被称为嵌套理论，是因为它设想受造物的所有世代都被包裹在雌性的卵中：一个未出生的雌性早已存在于一个卵中，这个雌性将产很多卵，其中有些卵将会变成又能产卵的雌性，如此往复[325; 258; 243; 100; 1]。史家们有一种倾向，即以粗浅的词语来表述这个理论，并贬损这个理论是荒谬可笑的。但最近有研究指出，预先存在理论在其主要捍卫者如扬·斯瓦默丹、尼古拉·马勒伯朗士（Nicolas Malebranche，1638—1715）那里，其实是很精致微妙的[325: 125—128; 243; 244; 257; 258]。其实，这两位作者似乎都声称，受造物身上那些基本部分的雏形以这样的方式预先存在，以便笛卡儿式的机械规律有它能够施加作用于其上的东西。换言之，预先存在理论不应被视为像许多俄罗斯套娃一样的有关动物世代的粗浅描述，而应被看成拯救笛卡儿机械论式的胚胎成形理论的一种手段[257; 222]。

对雌性的卵的强调，主要来自哈维对动物生殖的研究（他总结说，所有生命体都出自卵[325; 133]），但在1677年遭到列文虎克的质疑，因为当时后者发现了精子。"精源说"（animalculism）代替"卵源说"（ovism），这似乎又回到更传统、更悠久的观点，即在繁殖过程中雄性起着最为重要的作用。列文虎克觉得，携带灵魂的应是雄性的精液而非雌性的卵。他提出一种预成理论（pre-formationist theory），认为在受孕以前，新的受造物已经在雄性的精液里被细致地制作出来（受控于这位父亲的动物灵魂），之后在母亲的子宫中利用卵所提供的营养而成长[325; 258]。

精源说从来没有真正地流行起来。这个理论有太多的缺陷。列文虎克本人是一位没有受过良好教育的布匹商人，他的经验结果经常是其他人难以重复得出的（他的那些简单的显微镜，基本上就是把很多小玻璃珠用作放大能力奇强的透镜，这要求实验者有细致的技术和很好的视力），所以常被贬斥为不可靠[17; 278; 306—307; 258]。由于涉及公开谈论一些隐私话题，其所研究的主题也遭

遇是否合乎礼俗的问题。举例来说，列文虎克有一次不
得不坚持说，实验所需的精液样本并不是通过"罪恶的
伎俩"得到的，而是从婚床上速送至他的显微镜下——
可是，即便如此，好像也仍然是不合适的 [325: 131—132]。
最后总算是克服了关于这类微动物（animalcules）是否
真的存在的质疑。可是，人们越来越多地意识到了微寄
生物（microparasites）的存在，这使精子看似不大可能
在生殖过程中充任这样特殊的角色。精子被认为只不过
是精液里的杂质 [325: 136—137]。

　　尽管在解释生物的极大复杂性上使用机械术语遭遇
了难以逾越的困难，但机械论哲学在生命科学领域和其
他自然科学领域同样有影响力。17 世纪的思想家似乎都
不怎么承认有这样的一些困难存在。要是我们只考察机
械论生理学和解剖学的专业论点，就会觉得他们的这种
情况是没法解释的。要想理解 17 世纪思想家们心甘情愿
地搁置怀疑（或者搁置他们的批判能力）的做法，就必
须放眼 17 世纪的更宽阔的智识世界。譬如，必须记住亚
里士多德主义是具有全面性的，必须记住当时有一种需
求，想用一种同样全面的体系取而代之。这种需求又不
可避免地与占主宰地位的亚里士多德主义的其他方面紧
密关联着，比如亚里士多德主义与宗教制度以及其他社
会制度、文化制度之间的关系。在这种需求里，可以看

到，有一个重要的方面是，受过教育的医疗从业者都乐
于接受一种机械论生理学，因为机械论生理学能够让他
们展现出一种看似强大的学识和技术专长，以打动那些
对传统的盖伦医学越来越不满的顾客。有一段时间甚至
还出现了牛顿式的机械论生理学，兜售者是那些抱负极
大的医疗从业者[30; 126]。不过，但在现代生物医学科学
（biomedical sciences）中，也许仍然可以看到这种全面性
需求的最明显表现。活力论的观念虽然在之后的生命科
学史上兴盛一时，但大多被看作是对一种完全"非科学
的"观点的屈服，因此它迟早还会被简化为一种更"机
械论"的解释。必须要说的是，我们现在的世界观受到
了"动物机械"这一机械论概念，连同其在生物学、医
学方面的全部内涵的极大影响。就此而言，笛卡儿和其
他人的那种机械论生理学可被视为现代生物医学科学的
起源。

第六章

宗教与科学

仍有一种恋栈的心态，要把科学、宗教看作两种在理解世界基本真理方面完全对立而不能相容的途径。这两种世界观相互间确实一直有冲突，但这并非全部是实情 [26]。即便是所谓"伽利略事件"——这或许是科学知识与宗教发生冲突的最有名案例，也绝不就是两种据说相互矛盾的观点相遇时必然会出现的结果。

的确，哥白尼的理论自问世之初就遭到宗教方面的抨击（天主教与新教均有）[322; 93; 205]，但在这70多年间并不曾有过正式的声明要进行抨击。即便在这以后（也就是1616年），当顾问神父们一致裁断日心说"纯属异端"，天主教会也只是将哥白尼著作的批准出版推迟"至将其纠正之时" [282; 284; 20; 205]。其实，罗马教会只是在1633年谴责伽利略的时候才真正坚持哥白尼主义的异端性质。现在史学研究已清楚指出，对哥白尼主义以及伽利略的谴责，绝不是科学精神与宗教精神碰撞时必然会出现的结果，而是很多相当具体的因素集合形成的纯属偶然的结果。

那使哥白尼主义还不至于为宗教裁判所严密关切的微妙平衡，被身为廷臣的伽利略招惹敌人的才能打破了。在17世纪10年代和20年代，很有实权的多明我会士（Dominicans）、耶稣会士成了他的敌人。《关于两大世界体系的对话》（1632）一书流露出来的傲气，甚至惹得从前支持他的教皇乌尔班八世（Urban VIII）也疏远了他 [19; 20; 89; 205; 261; 282; 284]。纵然伽利略公开探讨《圣经》方面的诠释（以表明哥白尼主义与《圣经》的各种说法相容），也已于事无补。因为在这时节，反宗教改革的天主教会正准备严厉控制《圣经》经文的诠释。更何况，《关于两大世界体系的对话》在付印、出版环节又有一连串事情，招来（无端）怀疑，怀疑伽利略是那些反教皇派系的同情者，而当时正是教皇乌尔班八世被围攻得焦头烂额之时 [19; 89; 205; 282; 284; 67]。

86　　　甚至还有人认为，伽利略被指控，其实是由于有一个姓名不可考的敌人把"假禁令"（false injunction）塞进宗教法庭关于伽利略的卷宗里。该文件不太可能是伪造的，但该文件所记录的事情，即当 1616 年出台命令宣布日心说纯属"异端"时便传唤伽利略，这样做确实是不合适的。教皇保罗五世（Paul V，1550—1621）下令要求伽利略放弃哥白尼式的观点，"要是拒绝服从"，他就"彻底不能教导或者捍卫那一学说和观点，也不能讨论"。这份存疑的文件记载说，伽利略实际上已同意放弃其观点。不过，该文件并没有说事情到此已结束，接着又说伽利略"此后，实际上是随即……被命令并且被督促……彻底放弃上述观点，即太阳静止地处于世界中心，而地球在运动，因此不得以任何方式再坚持、教导或者捍卫之，不论是在口头上还是在文字里"。很显然，教会派来的调查者米凯兰杰洛·塞吉齐（Michelangelo Seghizzi，1565—1625）有意忽视教皇的指示，直接进入更严厉地警告伽利略的第二阶段。然而，塞吉齐并不需要这样做，他很可能对伽利略怀有一己之恨。这里甚为关键的是，审判确实是以这份文件为基础的。在正式的起誓里，伽利略说，他在接到命令"不得以任何方式再坚持、教导或者捍卫之"以后写过一本书，详细阐述了哥白尼的理论。要是这份文件不存在，要是教皇保罗五世 1616 年的指示得到严格遵守，就不会有这样的事情，伽利略受审的结果就可能是另外的样子[16]。

如果伽利略受审的结果是必然的，也只是因为以上这些相当具体的事情。"伽利略事件"不应被当作现代早期科学与宗教间关系的一个一般性指标。要是再关注一下其他有贡献于科学革命的主要人物，这一点就会更加清楚。我们能够一而再地看到，宗教方面的关怀对于这些主要的思想家来说是很重要的，为他们的自然哲学提供普遍动机，并塑造其中的具体细节。

举例来说，开普勒就认为自己是"至高无上的上帝在自然之书方面"的教士。他要发现上帝设计宇宙的蓝图，"在上帝之后思考上帝的思想"[26: 19–22; 95]。培根曾描述说，他的自然哲学改革规划就是在给安息日做准备。

87 他所说的安息日是末日审判之后那个终极的、永久的安息日，他相信按照《圣经》里的预言只有在各门科学成熟以后才会出现 [26；22；150：第9章；311；242；390—392]。每一种自然哲学，不管是伽桑狄 [227]、笛卡儿 [227；109；116；141；151]、波义耳 [163；183；278；279]、牛顿 [78；70；236；317；319] 的，还是莱布尼茨 [28；110；252] 的，都得到了细致的发展，以便给这些作者本人的神学观点提供支持。那些不那么有名的人物，从帕拉塞尔苏斯 [315] 到帕斯卡尔 [9；66]，从赫尔蒙特 [183；229] 到威廉·惠斯顿（William Whiston，1667—1752）[99]，从马兰·梅森 [9；65；156] 到尼古拉斯·斯泰诺（Nicolas Steno，1638—1686）[9]，他们的自然哲学也是如此。整体而言，无论如何都不能够怀疑宗教热情在推动、塑造现代早期科学方面所起的重要作用。

例如，机械论哲学家主要关心的一点是，展示上帝究竟怎么与这个机械世界相互作用。机械论哲学既然倚重那些貌似原子论式的物质概念，就很容易与伊壁鸠鲁这位古希腊人的所谓无神论式的原子论形成密切联系。在伊壁鸠鲁看来，物质本质上是自行运动的，所有事物都可以根据原子间的偶然碰撞所形成的必然结果来解释。伽桑狄积极致力于把伊壁鸠鲁主义复原给基督徒读者们，却拒绝伊壁鸠鲁物质理论的这个方面，仍坚持认为上帝在创世时赋予物质一个内在的运动本原 [31；227]。这一策略也为其他众多机械论者所采用，包括波义耳和牛顿。采取这种方式，就可通过指出物质的主动性来证明上帝的存在。论证大概是这样的：物质必定是有广延的（我们不可能想象没有广延的物质），但物质并不一定就是主动的；相反，从表面上看物质似乎是惰性的、被动的。因此，如果在物质里面有主动性，并且引力的吸引表明了这一点，那么，这一定是上帝放进去的。在他们看来，物质里面的主动性只有诉诸上帝的创造能力才可得到解释 [145]。

笛卡儿既然以物质是完全被动的、惰性的作为其体系的（理性论证的）前提假设，就只好采取一个不同的策略。物质的特点是广延，笛卡儿又希望避免物质有可能拥有内在能力的说法，所以他就直接诉诸上帝来解释物质间各种相互作用。在笛卡儿看来，上帝不只在创世之初让世界上的物质的各个不同部分运动起来，而且还维持着世界上的运动总量，确保运动根据他所总结的三个自然法则和七个碰撞规则从一个物质传递给另一个物质。当然，没有生命的物质是不可能"遵守"这些规律的，因此在某种意义上只有上帝始终在遵守他自己确立的这些规律，并始终确保物体按照这些规律活动 [151；180]。笛卡儿假设说，运动的总量必定被保持，必定始终按照相同的自然法则而被传递，以保持上帝的完满不变

性 [109; 141; 116: 248—249]。一个完满的存在者是不改变的，因而上帝不会改变他的思想。因此，一旦上帝让宇宙运动起来，便有理由说上帝将会维持他起先所确立的运动总量。同样，上帝也会确保所有物体始终按照不变的自然法则行动。笛卡儿的宗教热情和虔诚是毋庸置疑的，但考虑到上帝的不变性在笛卡儿体系里是如此重要，也就很难这样的结论：笛卡儿的上帝被他这样地构想，是为了保障他的物理学 [141]。当然，很多虔诚的英格兰思想家，如波义耳，讨厌这样的神性概念，似乎把上帝变成了一个满宇宙里做着苦差事的苦力。

笛卡儿关于力的观点——这里当然只能粗略地谈一谈——一直在专业哲学史家当中引发争论。我们觉得更重要的地方在于，他的同时代人往往忽略了他这些观点。很多人都以为，笛卡儿的那些自然法则和碰撞规则已足以解释世界的运行而不必求助于上帝，假如上帝真的已让世界体系运转起来。这简直就是把笛卡儿的解释给无神论化了，好像他只是像亚里士多德那样假设世界是永恒的，并且永远像它现在这样存在着。要是整个体系没有开端，上帝就不是必须要有的 [159: 173—177]。

也许正是这个原因，笛卡儿的一些追随者提出偶因论（occasionalism），主张上帝是世界运转的唯一动力因（efficient cause）。最有影响力的偶因论者，是奥拉托利会（Oratorian）神父尼古拉·马勒伯朗士，他指出自然法则并没有真正表达清楚因果关系，石头打破窗户这只是上帝实施其因果能力的一个偶因，石头本身没有能力打破窗户 [178: 404—405; 203]。对于一些同时代人而言，这似乎是让上帝不仅为那些完全微不足道的事情，还为彻底邪恶的事情直接负责 [203]。

偶因论者的言下之意是，整个物理学不过就是一个永久的神迹。莱布尼茨对此是持反对态度的，他坚持认为要回到一种认为物体是由于拥有它们自己的力量而能够影响事物（根据神圣的自然法则）的自然哲学那里。对莱布尼茨而言，保全上帝的超越性当然重要，他认为由此便有必要让所有物体都成其为它们自己的主动性的来源。之前已经指出，莱布尼茨复兴了经院哲学的"实体形式"概念，把被动的质料同原初的主动力结合起来看待物体（参看本书第五章）。不过，他还笃信另外一个经院哲学信条——只有一个真正的个体才能够是自行活动的。这给机械论哲学的微粒论式的"物体"观念带来了难题。一个由原子或微粒构成的物体，能是一个真正的个体吗？正是出于这方面的思考，连同其他一些形而上学方面的复杂性，莱布尼茨发展出了他的成熟的哲学——世界不是由很多原子构成，而是由很多单子（monads）构成。所谓单子，本质上就是一些既有身体又有灵魂的生命体（所以都是真正的个体，像人一样），因此能够自行活动 [28；110；252]。

力的本性、物体的主动性（抑或缺少主动性）只是上帝与自然世界之间关系的一个方面，空间概念则是讨论上帝在世界中位置的另一个主要方面。牛顿向来受柏拉图主义思维方式的影响，于是认为空间是"上帝的流溢所得"，自上帝的存在向外喷涌，便有了世界的广袤。因此，他认为空间是一种实际的存在，有着无限的范围。事实上，他后来似乎还走得更远，乃至把空间等同于上帝的广袤，并由此将《圣经》里"我们生活、动作、存留都在乎祂"（《新约·使徒行传》17：28）的说法按照字面意思来理解 [123；184]。牛顿的"绝对空间"（absolute space）概念，对于《自然哲学的数学原理》（1687）的精细论证来说很重要，却并非出自他的有关世界体系的几何分析的要求，而是出自他的上帝概念 [184]。

莱布尼茨则与之有别。他还是想保全上帝的崇高的超越性，坚持认为空间抑或维度不可能是上帝的一个属性。如果是，就将意味着上帝是由部分构成的，而莱布尼茨认为这是荒谬的。可是，莱布尼茨从来不曾满足于在可以反驳的情况下仅仅进行否认。相应地，他提出空间概念只是一个关系概念，只是共同存在着的事物的秩序。广延、形状和运动只是表面上的，在很大程度上是想象出来的。正是作为观察者的我们把广延强加给世界。因此，很显然，把绝对上帝同这样一个相对空间关联起来是毫无道理的[123]。

自然哲学相互间的根本差异，究其缘由往往在于，它们关于上帝神意的特性持有相反的基本假设。唯意志论神学假设上帝的意志是上帝的主要特征，唯理智论神学则推重上帝的理性。唯意志论者拒绝承认任何有可能限制上帝全能的东西，唯理智论者则坚信有某种永恒的或者先定存在的真理在引导着上帝（通过他的理性）以特定的方式行动。唯意志论者假设但凡上帝所意愿的都是善的，唯理智论者则坚信上帝也必然要意愿那本是善的东西。唯意志论者不能允许世界可以被理性地重构；上帝的武断意志可以引进任何的偶然事件，世界体系必定只能以经验的方式被发现。相反，唯理智论者则坚信有可能（至少在一定程度上）"在上帝之后思考上帝的思想"，从而有可能理性地理解世界[193; 224; 227]。

大量研究已经表明，神学方面的唯意志论或者唯理智论对自然哲学有很多影响，不只是影响个别哲学家，如伽桑狄[227]、笛卡儿[227]、波义耳[183; 224; 278]、牛顿[78; 319]和莱布尼茨[193; 224]，也影响有着同样思想的英格兰思想家群体[145; 147]。这些研究揭示了暗藏的神学立场同力和物质理论之间，同更普遍的认识论、方法论观点之间，存在着重大关联。举例来说，英格兰自然哲学家们的实验主义（其与欧陆对待实验的态度如此不同），可被视为与唯意志论式的对上帝无限全能的诉求完全一致。笛卡儿当然是一位唯理智论者 [227]，他觉得必须坚持物质的彻底的被动性，而英格兰的唯意志论者则假设上帝已赋予物质内在的主动性的本原。笛卡儿坚信物质的被动性是可以通过理性的力量被确定的，英格兰的自然哲学家们则坚持用实验来调查物质的能力 [145; 147]。

　　早期机械论哲学家的另一个主要的宗教关怀，是灵魂概念。第一代机械论体系的每一位建构者，不论伽桑狄、笛卡儿、迪格比（1603—1665）爵士，还是查尔顿，都宣称关于灵魂不朽的话题，他们的机械论哲学比亚里士多德主义提供的论证更好（霍布斯不在这份名单上，因为他拒绝有所谓脱离了身体的灵魂）。他们的一般路径基本上是一样的。机械论者在确定了所有的变化与消解其实只是构成物体的物质微粒重组或者分解之后，就可推断出理性灵魂是不变的、不朽的，因为灵魂既然是非物质的，就不会由物质微粒构成 [227: 72—73]。不过，也要注意到，这一论证所谈的只是那种被认为使人与其他受造物有别的理性灵魂。机械论哲学们也试图运用特别微妙却仍属物质的微粒的运动，来解释所谓植物灵魂和动物灵魂的运作 [133; 143; 227: 第2章和第9章]。

笛卡儿运用机械论哲学给一种极端的二元论提供保障，指出世界上有两种实体，有广延的事物（*res extensa*，一种有广延的事物或物体）、在思维的事物（*res cogitans*，一种在思考的事物、心灵或灵魂）。心灵被认为超出了机械论哲学的界限，笛卡儿对于以后困扰其追随者的这些事情基本上保持沉默。这个非物质的实体如何能够使身体执行意志有意安排的那些行为呢？而且，每当做到这一点，岂不是又会造成世界上运动总量的增加？这些对于笛卡儿主义来说是问题，对笛卡儿本人来说却非如此[116]。同样，笛卡儿在形而上学方面假设灵魂或心灵可脱离身体而存在的论证也遭遇难题，其所倚以为的基础不过是我们完全主观的体验，即我们作为在思考的存在者都栖息在一个与我们实际所是的自己分开或者能够分开的身体里[116]。可是，尽管有这些难题，笛卡儿不曾动摇过，仍然坚持他的二元论体系，并且似乎一直把这看作一条论证灵魂不朽的途径。这一事实也提醒我们，宗教方面的眷注对笛卡儿的思考确实有影响。同样的事情也出现在其他关注灵魂本性的机械论哲学家那里。具体细节上的差异总是与不同的宗教观点有关[227; 26]。

如果说笛卡儿的灵魂理论牵扯出了他整个体系的内在难题，那么，他的物质理论所牵扯的则是他在教会里面临的难题。日常的圣餐仪式将面饼（bread）转变为基督的身体，他却轻巧地以亚里士多德的方式来解释。实体（质料与形式的结合）总是携带着大量偶然（非本质）的属性，譬如颜色、味道和其他可感属性。在圣餐仪式里，面饼的偶然属性仍然存留，确保（或者帮助说明为什么）圣饼（wafer）尝起来还是很像面饼，圣饼的实体却据信已转变为基督肉身的实体。在笛卡儿的体系里，像颜色、味道这样的属性都是构成物体的微粒组合的结果。要是面饼变成了肉身，必然会经历微粒构造的变化，根据定义必定会形成不同的可感属性。

面对教会的权力，再加上笛卡儿对宗教是忠诚的，他便采取某种思想上的逃脱术。笛卡儿试过两种摆脱难题的办法：首先，他提出，面饼的表面在圣餐中仍然是一样的，于是向感官提供的感觉信息来源没有出现变化，但面饼的内部已经变成基督肉身。其次，他还求助于一种经院哲学式的解释，认为是基督的实体形式被赋予面饼的质料，在这种情况下根据经院哲学的定义，面饼便是基督的身体。此外，他还把这两种解释结合起来使用[67]。

笛卡儿的影响特别大，他的哲学很快引来众多追随者，甚至对很多大学的课堂形成实质性的冲击。可是，圣餐礼的变体论（transubstantiation）问题致使他的作品在1663年被禁书审定院（Congregation of the Index of Forbidden Books）① 列入禁书名录。1671 年路易十四发布禁令，禁止法国大学教授笛卡儿主义。天主教方面的反对在一定程度上是由耶稣会士策动的。但在 1678 年，奥拉托利会也禁止他们的学院教授笛卡儿主义。反对笛卡儿哲学是天主教会自"伽利略事件"以来，对自然哲学做出的最严厉干涉 [9]。可笛卡儿与伽利略还有不一样的地方，他触怒了新教的权威们。希斯贝特·富特（Gisbert Voetius，1588—1676）是荷兰乌得勒支大学（University of Utrecht）的校长，信奉加尔文宗。他对亨里克斯·雷吉斯（Henricus Regius，1598—1679）② 某些笛卡儿式的学说很是恼火，并发起运动对笛卡儿主义进行压制并取得胜利。在莱顿大学（Leiden University），有两位神学家也是这样做的 [116；178]。

　　难道我们真的要总结说，科学与宗教这两种世界观在根底处相互抵触吗？不，我们一定不要做出这样的总结。毫无疑问，笛卡儿的宗教是他的哲学思考的一个重要推动力，对其哲学体系的形成及最终形式有着深远影响 [116；142]。同样的事情几乎也出现在科学革命时期其他

———————————

① 1517 年罗马设立禁书审定院，审查书刊。——译者注

② 亨德里克·德·卢阿（Hendrik de Roy，1598—1679），拉丁文名 Henricus Regius，法文名 Henri Le Roy，荷兰内科医生、哲学家。——译者注

主要思想家身上。因此，在宗教思想与科学思想之间不可能有什么根本性的不兼容。然而，重要的宗教机构都与其他政治机构、社会机构有着广泛联系并内在地纠缠着，一定会对引起迷惑的社会因素和智识因素有所回应。不必惊讶于在宗教改革之后那不稳定的欧洲政治氛围里，宗教机构有时候会对新科学的蓬勃发展进行阻挠。

然而，根据一个充满活力的历史编写传统，也有充足的理由来阐明特定的宗教机构对科学的蓬勃发展其实有着积极的影响。曾有人提出，17 世纪英格兰自然哲学的无可置疑的成功至少在较大程度上要归功于清教的兴起 [210; 46; 310; 311]。但这一说法遭到大范围的反对，持续引起热烈讨论。

"清教与科学"论题，尤其是其主要发起者默顿所论述的那种形式，给史家们提出的部分难题是：很难说清楚为什么清教会给科学提供动力。其中所提到的因素，比如注重对社会有益的工作，"改善人的境况"，以此为荣耀上帝并显明所领恩典的手段，比如注重一种由经验论调和的唯理论 [210]，比如拒绝权威、弘扬个人追求真理 [157]，比如越来越强烈的对千禧年的预期（这关联着培根的社会优化论）[311; 150: 第9章]，这些也全部可被视为与非清教的团体有关联，在有些时候甚至与天主教有关联。

查尔斯·韦伯斯特（Charles Webster）极为有力地

指出，清教与英国内战时期以及空位时期对待自然知识、农业、畜牧业、化学、医学和教育方面的新态度之间有关联。但他承认，他所研究的是一组相当实用的事务，这些事务并不总是切合现在所说的"原始科学"的概念 [311: 517]。实际上韦伯斯特也同意，关于我们大多数人所说的现代科学，其起源更应该是一种与清教格格不入的意识形态，只是他并没有说这意识形态是什么 [311: 520]。另外，他最近还指出，受当今关注问题限制的"科学"观（辉格式的态度），必然忽略作为他研究中心的清教群体的活动与影响 [314: 193]。因此，如果我们接受韦伯斯特关于空位时期科学的定义，要比选择一个更贴近我们当今所关注问题的定义，更能让我们对 17 世纪英格兰有关自然世界的态度有全面理解。

　　即便如此，从韦伯斯特的论著中并不总是能够看出他所讨论的改革者们为什么（甚至是否）应被视为清教徒 [218]。这就带出了"清教与科学"论题所涉及的另一个主要问题——究竟谁是清教徒，谁又不是 [218]。默顿的原始论文为读者提供了一个旨在检验该论题的"判决性实验"（crucial experiment）：统计伦敦皇家学会早期的清教徒人数（学会是在 1660 年王政复辟后不久创办的）[210: 第6章]。可很快就有批评者指出，默顿并非一个抛掉了偏见的样本采集者。确实，更谨慎的学术研究已否定了默顿有关早期伦敦皇家学会的观点 [160]。就连韦伯斯特也说，"点人头"的做法对论述这一话题只会起反作用 [314: 199]。

"清教与科学"论题尽管存在着这些难题，却仍然作为一种富有能量的历史编写力量活跃着。其中一个重要原因在于，与之对立的那些观点，强调圣公会劳德派（Laudian Anglicanism）①[299]、保王主义 [217] 或享乐主义－自由主义伦理 [94] 的作用，都更没有什么说服力。至于一些似乎具有说服力的观点，则都像是对默顿或者韦伯斯特观点的改良而非驳斥。在这些对"清教与科学"论题的细化中，圣公会自由派（Latitudinarian Anglicanism）起着主导作用。芭芭拉·夏皮罗（Barbara Shapiro）等人提出，自由派的那种怀疑主义认识论（源于他们厌恶诸多关于真信仰的独断式声明相互间存在着分歧），在有着相同想法的圣公会自然哲学家当中，唤起一种在科学方面同样持怀疑态度的认识论，唤起一种随之而来的经验主义方法论。因此，培根自经验论的立场出发，不信任先入为主的理论思考，重视事实本身，这是英格兰自然哲

---

① 圣公会主要分为高派、低派和广派，高派重仪礼，低派重《圣经》，广派重社工。威廉·劳德大主教（Archbishop William Laud，1573—1645）是高派的著名代表。——译者注

学当时的特点，可被视为对自由派和平主义（irenic）神学"教义极简论"（doctrinal minimalism）及其对信仰中无争议事务的强调所做出的模仿[147；280；327；168；279]。

这些主张的一个优点是，给自由派和新哲学之间那无可置疑的关联提供了连续性，这种关联在1688年光荣革命（Glorious Revolution）之后就被辨别出来了。光荣革命后的那段时期特别强调牛顿自然哲学，基本上已不会有谁怀疑牛顿及其自然哲学在18世纪英国文化生活里出尽风头，这在很大程度上要归功于该哲学与圣公会低派护教学之间的"神圣同盟"取得了成功[112；169；290；225]。

默顿论题的另一个问题是其"英格兰中心主义"（Anglocentrism），后来的改良观点也都如此。科学革命并不只是一个英格兰现象，可默顿的描述基本只限于英格兰。他甚至还想解释，为什么苏格兰和日内瓦城邦同样信奉清教，却都不曾经历科学的蓬勃发展。哈里森则躲开这个陷阱，因为他提出一种理论，试图对全欧洲范围新教徒在这场科学革命运动里表现不太均衡进行解释。新教徒介入了现代早期的科学运动当中，这一点早在默顿之前就已被注意到了（实际上也对默顿的工作造成影响）。瑞士的自然论者阿方斯·德·康多尔（Alphonse de Candolle，1806—1893）已指出，欧洲科学家当中新教徒与天主教徒之间的比例远高于这两个宗教团体整体人数之间的比例[46: 145—150]。这方面的证据当然是需要解释的，可直到哈里森为止，大多数史家都没有注意到这个宏大的话题，只致力于较狭义的"清教与科学"论题[46; 140]。

哈里森指出，在我们这个世俗的时代里有一个很常见的观点是，随着科学知识的增加，人们就不可能再用以前的方式阅读《圣经》，人们会拒绝接受这是真理之源。他颠覆了这个观点，指出事实恰恰相反——只有在人们开始以一种不同的方式阅读《圣经》以后，人们才开始以一种不同的方式来阅读从来都被称作"上帝的另一本书"的自然，科学的知识才开始增加，此乃阅读《圣经》的新方法的一个间接结果。当然，阅读《圣经》的新方法是由马丁·路德、约翰·加尔文（Jean Calvin）和其他宗教改革者推动的。新教强调拒绝在个人与上帝之间有权威作为中介，坚持"信徒皆祭司"（priesthood of all believers），这意味着他们鼓励信众自己去阅读《圣经》。天主教徒则不可以这样，他们只能通过中介牧师来聆听《圣经》。现在这对于我们来说（甚至对于天主教徒来说）是不可思议的。但当时的担心是，一般的读者会以教会不能容忍的方式诠释《圣经》。宗教改革者们也体认到了这一危险，但他们努力避免出现这样的事情，他们的办法是强调《圣经》的字面意思就是正确的意思[140]。

哈里森指出，这种做法始料未及的后果是，新教徒读者们字面解经的思想方法使得他们避免甚至拒绝推敲《圣经》字句各个层次的言外之意，连带着也拒绝为"自然之书"里的那些对象赋予额外的意义。从前都是从寓言的角度看待植物与动物，从有利于人类的角度找出它们具有的道德、宗教方面的意义。现在新教徒们在观察自然的时候开始就世界本身来看待世界，并发展出一种更加自然主义式的看待世界的方式 [140; 8; 10]。因此，新教徒依据字面意思阅读《圣经》的全新方法，在现代早期自然科学的兴起过程中发挥了关键作用，并为新教徒何以在整个 17 世纪科学发展中起着越来越重要的作用提供了解释 [140]。

　　我们已经谈到，宗教在推动自然哲学发展从而推动科学革命方面可能有哪些方式（尽管也有一些看上去是反例的事情，比如"伽利略事件"，还有基于宗教理由对笛卡儿著作发布的地方禁令）。不过，故事还有另外一个维度。毫无疑问，16 世纪晚期以及 17 世纪早期不只是现代科学的起源，也是现代无神论的起源。尽管史家们不大可能指出当时谁是彻头彻尾的无神论者，但很显然，当时的人对无神论的日益扩展表达了真正的担忧 [162]。同样很清楚的是，新哲学通常都关联着无神论 [317; 162; 70; 145; 147; 26]。因此，不必惊讶于主要的自然哲学家（其中的很多人，就像我们所看到的那样，是极其虔诚的）

试着用他们的自然哲学来驳斥无神论，或者至少要论证一下他们的哲学并不是无神论的。

物理神学或自然神学（natural theology）这一全新传统的兴盛，就是最清楚的例子 [26; 317; 51; 119; 246; 256]。虽然通过指明自然世界的美、复杂与秩序来证明上帝存在的做法（即"设计论证"）至少从 13 世纪以来就已经有了，但只是从 17 世纪起，自然史领域的全部工作才以通过细究创世之事来确立上帝的智慧与全能为旨趣。当新传统蓬勃发展之时，读者们一再被告知，自然是上帝的另一本书，专注于自然的研究者则好比神父。

自然神学尤其倚重于自然史（参看本书第三章第二部分），但自然哲学很快也赶了上来。自然史的最新发展往往来自运用新发明的显微镜所进行的研究，这些似乎给微粒论者（从而也给机械论的自然哲学）的真理性提供了强有力的证据 [325; 51; 230; 257; 258; 119]。此外，就像我们已经谈到的，机械论哲学新体系的每一位缔造者都想用哲学来巩固宗教。一种新哲学，如果真想取代那传统的全面的亚里士多德主义，就必然有能力接着给宗教当"婢女"。相应地，伽桑狄也不辞辛劳地给伊壁鸠鲁这位最著名的古代无神论者进行"洗礼" [227]。

无神论的扩展在空位时期和王政复辟时期的英格兰引起高度忧虑。那些主要的自然哲学家在阐述自然哲

学的时候，通常也要采取一种护教和高度捍卫性的立场
[162；317；159：第7章]。哪怕是波义耳，他在宗教方面的正统
从来没有被质疑过，也深觉有必要捍卫新哲学，驳斥有
关新哲学在根底处是无神论的指控[162；263；163]。波义耳
非常关注这一点，并特意在遗嘱中留出一笔钱举办一系
列年度讲演（即波义耳讲座），与各色各样不信教的思潮
斗争，首当其冲的当数无神论[169；290]。捍卫新哲学，驳
斥所谓无神论的指控，大多是以"设计论证"为辐辏，
指明自然的美与复杂；论证指出，要是没有至高造物者
的创造性干预，就不可能有这等复杂的事物[26；51；119；
246；317；325]。但也有一两个发展情形是之前不曾预料到
的。譬如，有许多自然哲学家借助当时仍颇受尊敬的人
文主义史学传统，指出原子论并非异教性质的希腊哲学
的发明，而是出自犹太教 - 基督教传统的一种更古老的
哲学。一个名叫摩虎（Mochus，或 Moschus）的腓尼基
人在古典学术著作中越来越多地被当成原子论的缔造者
来探讨，偶尔还有人把他与摩西混同[260]。在整个 17 世
纪，英格兰自然哲学家在为原子论辩护时还一而再地援
引这一传统。

　　把新哲学与对巫术（witchcraft）和恶魔的信仰混为
一类，这种做法虽不普遍，历史记载里却清楚可见。否
认撒旦及其全部运作，就是否认上帝。少数自然哲学家

在回击所谓无神论指控时，谈到了一些有名的和不那么有名的巫术案例、鬼魂出没以及其他有关灵界的证据。这些现象的属灵性质，在用来论证灵魂不朽的同时（参看前文），都由于无法用机械论哲学来解释而得以确立。通过指出灵性世界的真实性，机械论哲学对于宗教的益处便清楚地得到展现［162；176；313；265；281：第6章；279］。此外，通过对世界上的物理因果有哪些可正确归结的形式进行界定，机械论哲学使得人们更容易确定哪些解释是不合法的。不管是谁，如果对机械论哲学家们已断然否定的因果联系的有效性仍然深信不疑，例如相信能够使人飞起来的药膏，则会被认为是糊涂的——要么由于他们自己迷信，要么是被撒旦误导，总之，一定是背弃上帝而做了错事。这样，机械论哲学表明自己在针对巫术和无宗教的战争中是有用的［37；38］。

英格兰自然哲学家的各种护教策略，作为当时对无神论的恐惧的一个结果，与培根、波义耳、牛顿及其他很多人所维护的那些更积极的宗教意图是不可能完全分开的。于是就有了一系列精妙而且复杂的相互作用，通常还因人而异［162；26］。因此，意识到福音传道与护教学在17世纪自然哲学家的自然神学当中的相互作用是十分重要的［26］。然而，毫无疑问的是，宗教与神学在现代科学的发展中充任着重要角色。

第七章

科学与更广阔的文化

在对科学革命做如此简要勾勒的过程中我们提到，文化、社会语境是理解科学发展所必需的。举例来说，我们提到了经济、政治变革在文艺复兴时期的重要性，它们带动了对实践革新需求的增加，有助于打破顽固传统的文化相对主义，使有意于资助新思维的赞助者在数量、种类方面增加，不论其所资助的究竟是人文主义学术，还是更注重实践的技艺，比如法术和数学 [214; 213; 87; 88; 9; 18; 307; 332]。我们看到自然史也得益于这类关注，对自然史新产生的兴趣带动了珍奇屋、植物园、动物园和博物馆的成立 [214; 52; 97; 98; 161: 第4章; 167; 171; 241; 242: 第6章; 256; 286; 323]。赞助者提供的资助又导致研究机构雏形的出现，它们独立于古老的大学模式，致力于教学，鼓励某种思辨的自然哲学 [128; 159: 第2章; 160; 161; 194; 202; 211; 23; 226; 242: 第3章; 291]。我们还提到，更广阔的文化影响是极其重要的，比如宗教 [26; 140; 157; 183; 193; 223; 242: 第14章; 317]，又比如无宗教信仰的众所周知的威胁 [26; 37; 162; 176]。我们也已经指出，不同的科学理论与方法在有些时候只能够从有关上帝与世界关系的相应不同观点来理解 [193; 224; 227; 274; 300]。我们已经看到，对法术世界观的态度不同，就会导致对物质本性或者生命理论持有差别极大的观点 [30; 71; 74; 101; 119; 145; 209; 212; 258; 325]。我们看到的自然科学方面的一切变化，都不是在知识象牙塔或文化真空里发展出来的。如果我们希望理解事情为什么会出现变化，而不只是描述它们是怎么变化的，我们就不能不关注这些变化产生的历史语境 [242]。

但到目前为止，我们倾向于只考察文化语境里那些在大多数史家看来与恰当地理解科学革命有关系的方面，或者那些（如"清教与科学"论题）虽然存在争议却已为很多人所认可的方面。可是，关于科学革命或其某些方面还有其他一些争议性主张，同样值得历史编写领域关注，即便那只是少数人的观点。在绝大多数情况下，这些提法之所以有争议，是因为大多数史家（本性谨慎）判断说，它们不可能完全站得住脚，只是能给人留下印象且富有深意而已。但正是这些提法的深意，使得它们让人感兴趣。藏在这些提法底下的，往往是一些更宏大的话题，涉及科学的本质，或者历史与历史变化的本质。即使这些有关现代科学之历史起源的说法始终是不可证明的，但它们并不就是不可信的，其中总有一些（也许是全部）都对科学与更广阔的文化之间的关系提供了真正的见解。

科学革命时期，在很大程度上与现代资本主义的兴起同步。"清教与科学"论题最早由默顿提出，部分是受到社会学家韦伯早先著作的启发，后者把所谓的新教工作伦理与"资本主义精神"联系起来。因此，默顿所关

注的不只是宗教信仰，还有相伴随的社会因素，比如资
产阶级的兴起、资本主义的起源和政治改革的萌动 [210；
46]。他既然看到经济动力使采矿技术得到提高，看到相
关的空气清洁、排水技术的改进，看到运输、航海的进
步以及各种军事革新的出现，便与 20 世纪 30 年代众多
以马克思主义者而非以韦伯主义者自居对这些事情进行
研究的社会史学家和经济史学家同列 [127；第 1 章]。

　　虽然还不曾有哪种马克思主义研究的思路赢得普遍
认可（这虽是历史编写方面的判断使然，但也是冷战的
遗产），但似乎真的不能忽视经济因素在科学兴起过程
中起重要作用这一普遍观点。当然，我们已看到资助者
在自然知识模式和重点变化方面起重要作用，用马克思
主义的思路来诠释也许比较方便 [214；241；291]。相似地，
"学者与工匠"论题倚以为基础的假设，也是经济因素
在文艺复兴时期科学发展当中起重要作用 [253；254；332]。
因此，科学由经济动因所驱使这一普遍原理，已被众多
史家认可，或者以不同方式予以延伸 [59；90；127；169；171；
209；254；290；311]。

　　然而，我们想要超越这一普遍原理时，就会出现争
论。有些史家不愿采用马克思主义抑或别种形式的经济
史，又总能找到可作为替代的诠释。比如，有人指出，
在伦敦皇家学会以及巴黎皇家科学院里，虽然早就有成

员在谈科学的实际用处，但成员们的会晤几乎没有立即带来任何实际价值。确实，伦敦皇家学会为数不多的直接涉及技术之有益性的主题都有些可笑[159；第4章]。看起来学会成员的心根本就不在这里，更遑论他们的思想。虽然经济史家可能会坚持认为，那类关于有用性的修辞是如此重要，以至于科学知识的有用性由此得到了体现，但总有其他史家坚持认为，修辞与现实之间的鸿沟表明，当时并不真的关心实际结果。就像波义耳和其他人探讨他们的新自然哲学的有用性，显然他们所在意的只是它与无神论斗争的有用性[163；183；317]。

很清楚的是，这类关于现代科学发展过程中究竟什么重要、什么不重要的争论，其根源在于有关科学本身的性质存在着明显不同的意见。有一种看待分歧的方式，也许在导向方面是合乎历史的——有些科学史家认为科学在本质上是一门自然哲学；其他科学史家则视其为一套工艺技术或流程，以便理解和控制自然。前者视科学为一桩哲学事业，旨在理解事物是怎么存在的；后者则视其为一套技术，以便对自然运作的方式进行利用。我们在这本概论里已经指出，现代科学的形成是在古老的思辨自然哲学同法术、数学与工艺传统相结合的时候。这些传统有自己独特的做法，这决定了其各自的从业者认为可以接受的哲学种类。此外，这些传统里的每一个所关注的都是实际效用，并将之带入它们与自然哲学形成的新的混合体中。因此，理解当今史学争论的一个简要办法也许就是：马克思主义以及其他经济史家过多地强调了融合进来的那些以实践为导向的传统，他们的对手则过多地强调了作为科学前身的思辨自然哲学。当然，有一些史家在写作的时候，就好像现代早期的科学从业者所关注的事情主要是如何赚钱过生活，更多的是在谈他们求生存的努力，而非他们的科学成就。同样，还有一些史家在呈现主人公们的成就时，就好像都是纯粹思考的结果，没有任何个人、职业或者技术方面的考虑。幸运的是，两种做法现在都很少，史家们越来越多地关注"语境化"，愿意更好地理解语境本身，从而对能够从该语境里产生出来的科学有更丰富的理解。

广阔的经济研究角度是存在争议的，从政治关切的角度来解释科学变化同样如此。举例来说，最近对培根的一项研究关注培根的这一信念，即自然哲学应当有能力给帝国政权提供支持 [200; 也可参看117，以及150：第4章]。对培根而言，自然哲学不是隐士们在象牙塔中的消遣，而是一种要带来"公共福利"好处的重要的集体努力，是"一类王室任务"，应由一个拥有自己的王室总督的政府部门切实执行 [200: 163]。特别重要的是，培根究竟是怎么设想这类王室任务将要得到执行的，其实最清楚地表现在他的"所罗门宫"寓言里。"所罗门宫"是本撒冷（Ben-salem）帝国政权的一家政府研究机构，是他在《新大西岛》（1626）一书里想象出来的[200: 135—140; 150: 第10章]。

培根实验主义的古怪性质经常让培根的评说者们感到困惑，这主要是因为他的实验概念与我们的并不相符。现在我们明白了，这主要是因为培根相信可以用法庭审理案件的模式来研究自然[200: 164—171; 209: 168—169; 235; 263: 44—50; 281: 169]。法律运作与自然研究之间的类比在此后的英格兰自然哲学里也能看到。比如，波义耳的方法就被看作一桩培根式的事业，以英格兰普通法的方法为模型，结合具体的本地经验、背景知识、技能、专业知识和理性来获得有关自然事物的"盖然确定性"（moral certainty）[263: 第2章; 279: 第2章; 281]。

公众对实验结果的见证是很重要的，波义耳及伦敦皇家学会其他同人都强调这是皇家学会成果可靠性的保障，它同样也是以法律程序的权威性为基础[279: 第2章]。然而，陪审团在审判时有一个义务，那就是要决定见证本身的可靠性。有些见证显然要比别的见证更可能是真实的。这里也一样，类似的考虑与新哲学之间的相关性，已经通过诉诸王政复辟时期英格兰自然哲学的绅士风度得到论证。基于各种原因，绅士在关于自然现象方面是最可靠也是最真实的见证人。伦敦皇家学会的名声在相当程度上也归功于它是绅士的聚会这一被精心培育和保全的形象 [278；279]。

就培根而言，有关知识的问题，亦即如何最好地达成真理的问题、如何使所有旁观者相信这是真理的问题，确是政治家应操劳的 [200：14]。同样，已有人指出，对于波义耳和伦敦皇家学会其他主要成员来说，解决有关知识问题的办法也被看作解决如何在国家中建立并维持秩序这一问题的办法 [279：332]。实验要由绅士来做可靠的见证，这是确立有关自然世界的事实的唯一可信途径。唯此方可说事实是被确立了的，不会有任何合理地进行争议的可能。对波义耳和伦敦皇家学会其余有着相同想法的思想家来说，可靠的自然哲学应该仅限于对事实的确立。要避免理论思考和假设，哪怕这只是一种修辞性的说法而不能实际地做到。这种解决自然哲学领域内分歧的办法可以成为典范，用于消除宗教和政治方面的异见——要知道，在当时的英格兰，这方面的争议不久前还造成了一些很不幸的事情，并持续威胁着王政复辟时期 [279：第7章和第8章；147]。

因此，要看到，有充足的证据表明政治方面的考虑对 17 世纪英格兰实验方法的发展确实有影响。当然，当时英格兰的政治处境是独特的，极其特别。没有哪个欧陆国家经历过由叛乱而升级为内战，然后是空位时期的政治不稳定、王政复辟初期的局势紧张那样的事情。同样，实验方法在英格兰的发展就像前面已经指出的（参看本书第三章第二部分），与其在其他国家的发展有很大的差别。最近有一些想指出宗教和政治背景对实验方法发展有实际影响的研究分析表明，英格兰人在这两个领域里都表现出独特性并非偶然 [64; 66; 147; 280; 327]。

还有相当有趣的研究指出，政治方面的发展不只是对操作科学的方法有影响，也对实际的科学信念有影响。前面已说过，宗教、政治方面的改革与反改革，关联着帕拉塞尔苏斯主义在 17 世纪中期英格兰的命运。其实，哈维从 1628 年强调心脏的首要地位到 1649 年强调血液的首要地位，在心脏与血液的观点方面有明显变化。清教徒的革命也被认为是造成这种变化的一个因素。这并不就意味着哈维在这段时期由支持君主制转变为支持共和制，而只是说他受到政治方面发展的充分影响，用一种不同的方式来表现（也许甚至是看待）自然世界。1628 年哈维把《心血运动论》献给查理一世，运用了心脏（作为身体的统治者）与国王这一古老的类比 [154: 160]。到了 1649 年，也就是查理一世被处死的那一年，哈维则用纯粹功能性的措辞来描述心脏。他不再写心脏的至高权威，而是谈"血液的特权与古老"："血液凭其自身存活和滋养自己，从不依赖身体的任何其他部分，哪怕有比它自己更古老或者更值得尊敬的。"[154:162]1628 年哈维大概是从类比专制君主制的角度来看待心脏和血液的运行，但 1649 年他看待这个系统的方式更类似于他的朋友和崇拜者霍布斯所说的契约君主制理论。现在，心脏给血液效力，就像按照社会契约的语言来说，是国王给人民效力。

像哈维这样一丝不苟而且谨慎的实验者，也会被政治方面的关切所牵动吗？要知道，关于血液的首要地位，他在《论血液循环》(*De Circulatione Sanguinis*，1649)和《论动物的生殖》(*De Generatione Animalium*，1651)里从观察和实验方面给出了解释的依据。他确实是这样解释的，可在这样解释的时候，他其实担当不起如今将其圣化的传记作者所给予的名声。关于这一话题，如今的评论者与哈维的意见相左：哈维说他所看到的事情其实是并不存在的事情，或者说比实际观察所能保障的更进一步。实际上，哈维声称可以看到在心脏停止跳动、动物死亡以后，血液还会继续流动并翻腾运动一段时间。为什么这位在其他情况下很细心的观察者会确信，这就是他所看到的呢？也许就是因为，他是从政治体（body politic）的角度来看待身体的。

值得注意的是，这些说法并不取决于哈维改变了政治立场这一假设。直至辞世，他仍然是一个顽固的保王党，从没支持过议会。这里所说的只是，他看待、理解一个像人体这样复杂的系统如何运行的方式，很可能受到了一幅有关政治体如何最好地被组织起来的新思想图景的影响。1628年他没想过别的角度，单把心脏看作身体的至高无上的统治者，可到了1649年，在他的国王被处死以后，他才意识到还有其他看待事物的方式。请记住，我们是在回顾一个不曾明确区别宗教、政治和哲学的时代。上帝创造了自然世界和社会世界，两者有着同样的等级秩序，这是前现代的思想家们所信奉的。政治领域如果组织得当，就会复现自然领域，这通常都被当作证据，证明政治领域里一切都运行良好。我们大抵视之为单纯隐喻的东西，在现代早期却被认为是在复现上帝创世的真实性质 [32; 193; 224; 297]。

举例来说，政治象征主义（political symbolism）毫无疑问常常关联着宇宙论，政治话语里也经常涉及对象征主义的正确诠释 [165]。在托勒密对天体的安排里，太阳作为最常见的关于国王的象征，只是行星之一，这就暗示国王与贵族（由众行星表现）共享政治权威，国王的权力在相当程度上是由贵族来代行。然而，人们认为哥白尼的框架更容易支持更专制的君主制。随着君主们越来越多地主张施行专制统治，压缩地方乡绅的权力，哥白尼的宇宙论也就越来越有用处。这并不意味着，能够随意地把哥白尼的宇宙论作为新秩序的图景提出来，不过是给专制者提供了方便：能够寻得自然的支持以佐证他们的政治主张，对于这些人来说几乎至关重要。只有按照这种方式，他们才能让那一普遍的期待得到满足，即在上帝创世时宇宙的秩序以一种特别明显的方式反映着社会的秩序。对我们来说这类说法简直就是隐喻，但在现代早期这是一种实实在在的期待，出自对感应的信奉（这一观念指上帝创世的各个不同部分分别与其他部分相感应，从而透露出上帝的意旨）。政治方面的新安排必须从自然安排的角度被正名，否则就不自然，不可行 [32；297]。不必将此理解为，哥白尼及其追随者特意提出这种天文学，就是为了推进其在政治方面的信念。可是，哥白尼日心说越来越多地被接受，也许确实可被看作一个迹象：在看待何为事物的自然秩序方面已出现根本性的变化。

106

　　类似的论证着眼于隐喻的意识形态力量，甚至被用来解释在中世纪或者现代早期的技术里何以不曾有自动调节或者反馈的装置。在希腊化时期，希腊作家亚历山大里亚的希罗（活跃于公元 1 世纪）的《气动力学》（*Pneumatics*）讲到了很多反馈装置。该书于 1575 年首次印刷发行，随后产生巨大影响，却不曾有哪一件反馈装置被接纳，或者被改装而以别的形式实现 [201：xv—xvi]。整个欧洲完全忽视了反馈装置，直到英格兰的技术和工程人员在18世纪开始在这方面有所发展。即使如此，欧洲其他国家在过了一段时间后才跟进。为什么会这样？

要想理解技术史的这个方面，必须考察"钟表"隐喻在现代早期欧洲文化里的重要性。自13世纪末机械钟表发明以来，钟表越来越多地被看作一个关乎世界秩序和规律的隐喻。上帝被看作一位钟表匠，钟表的运行展现了一个人要完成其所被安排之角色并遵守体系之权威的重要性；通过联想，这又成为关乎专制君主制之有效性的隐喻 [201: 第2、4、5章]。当然，这隐喻也经常出现在机械论哲学家们的著作里：成为生动地说明他们的新哲学的一个便利方法，给机械论世界观提供支持，与此同时，也为这隐喻本身赢得更多的号召力。

然而，尤其是在17世纪末，相比于欧陆，在英国关于钟表隐喻更多的是持保留和模糊的态度。钟表在这里通常是一个关于严苛控制和无意识压制的隐喻 [201: 123-126, 99-101]。完全可以说，这隐喻在英国备受鄙薄，与其在欧陆备受推崇，原因是相同的：都把它作为绝对权威的象征。因此，有关钟表隐喻的相反态度正反映出不同的秩序观念：欧陆是威权式的，英国则是自由的。

英国在17世纪后半叶已是欧洲钟表业的领军者，但英国的钟表都是实用型的。欧陆生产的钟表庞大、精致，

常常内置有展现天体运动以及宇宙隐喻的其他精巧之处 *107*
的自动机械[201：第1章]。就像英国的钟表匠们把钟表弄得
特别小一样，他们的同胞也对钟表隐喻有所打压。随后，
英国的工程师最先研制出自默隐身的自动调节装置（完
全不同于更壮观的钟表技术）用在各种机械上。可在这
里，我们也许仍然能够察觉到那理所当然的有关正确社
会秩序的信念所赋予的无意识的灵感，毕竟英国的政治
和经济理论在光荣革命以后经常被说成是"制衡"、平衡
或者其他与自行调控有关的用语[201：第7—10章]。

如果说钟表给宇宙、社会和自然哲学提供了一个新
隐喻，那么也可以说对奴役与控制女性的新强调也是一
个新隐喻。一些女性主义史学家、哲学家都指出，科学
革命时期使用许多性隐喻来例示、合理化对待自然的新
方法[209；182]。比如培根在说到自然的时候就好像它是
一个女性，她"被绑起来使用"，她被自然哲学家所"拘
束"和奴役。他写道，抓住她却不拥有她这是没有好处
的，自然必须被俘获，她的秘密就像她那些幽秘之处一
样必须被穿透[209：169—170；182：36；却也可参看235；150：第12章]。
波义耳也一样，他在说到自然哲学家们渴望命令自然的
时候，要让自然"可以服务于自然哲学家们的特定目
的，不论是健康，还是财富，或者感官方面的快乐"[209：
189]。法术的和经院的世界观被看作一种整体论、活力论

的世界观，而机械论以前的自然观则被视为主要流露着女性气质，基于这样一种历史编写，本作把机械世界观描述成操纵性的、掠夺性的和男性化的。机械论哲学给宇宙秩序以及社会秩序的问题提供答案，可在这样做的时候又将它主宰和统治自然的需要暴露出来 [209: 215]。

这并不意味着机械论哲学的提出有部分原因在于要奴役女性，也不意味着所谓的反女性主义是机械论得以盛行的原因之一。男尊女卑的实际政治状况无须自然哲学来凑热闹。不过，自然而然地出现在新派自然哲学家著作里的性隐喻，反映且帮助塑造了对待合法知识和真正的知识生产者的态度，这种态度至今仍然是有性别取向的 [182; 223; 267; 278: 86—91; 298]。所谓科学是有性别取向的，并不意味着专门地从事或者想从事科学的男性要比女性多得多（即使现在越来越多的女性加入科学的队伍，也仍然是这样的情况）。关键在于，有一则不言而喻的规矩：科学是一桩男性的事业，是男性喜欢做而且可以做得很好的事情，女性则在某种程度上不大适合。现在有很多女性主义研究者开始探讨这一从前并不曾被明确表述却关乎科学性质的假设，并将其回溯至科学在科学革命时期的起源处。比如卡洛琳·麦茜特（Carolyn Merchant）就指出，女性被认为在态度、思维方面比较混乱，不能够恰当地理解那像钟表般精致复杂的宇宙秩序 [209]。

伊夫琳·福克斯·凯勒（Evelyn Fox Keller）指出，女性被认为过于主观，没有能力认识客观性在科学研究中的重要性[182]。戴维·诺布尔（David Noble）则认为，西方科学在中世纪的角色是宗教的"婢女"，与自然神学有关联，因此，"在根底处始终是一种宗教天职"，于是这种"神职文化"（clerical culture）直到最近还倾向于把女性排除在外[223]。

在我们这册简要勾勒科学革命的小书里，没有出现女性。这不是因为没有女性参与科学革命，而是因为她们的作用确实太小，几乎让人感觉不到，也就不好在一本如此简要的概论里谈到她们。安妮·康韦夫人（Lady Anne Conway，1631—1679）据说对莱布尼茨产生过影响[209; 5]。还有埃米莉·杜·夏特莱（Émilie du Châtelet，1706—1749），她的《物理学教程》（*Institutions de physique*，1740）及其用法语翻译的牛顿的《自然哲学的数学原理》（1759）把莱布尼茨和牛顿的工作介绍到法国[267; 293]。大概只有她们才算得上对科学革命有明显贡献。玛格丽特·卡文迪什（Margaret Cavendish，1623—1673）是纽卡斯尔公爵夫人（Duchess of Newcastle），出版了一些非常独特却也富有魅力的自然哲学著作。不过，她所遭遇的只是冷漠甚至嘲笑[267; 5; 262]。但毫无疑问，如果她们的作品是男性写作的，这些男性就会为科学史所承认。

至于其他那些因近年女性主义研究而得以重振声名的女性，恐怕就不能这样说。天文学家玛丽亚·温克尔曼（Maria Winkelmann，1670—1720）在历史编写领域的地位比她的天文学家丈夫戈特弗里德·基尔希（Gottfried Kirsch，1639—1710）还高，这是因为她必须突破重重困难才能取得她的成就。但话虽如此，除了专业的天文学史学者之外，很少有人听说过基尔希，而温克尔曼的成就也不过如此[267；171：335—336]。同样，玛丽亚·西比尔·梅里安（Maria Sybil Merian，1647—1717）因其对昆虫学的描述性贡献和为生物标本绘制的精确插图，引起科学社会史的关注，但在科学思想或科学实践方面并没有什么创新[267；171]。因此，稳妥的说法是，这些女性，以及其他与主宰新科学的男性绅士圈子较少有联系的女性，对于历史的主要贡献在于：她们已向史家们表明，女性也是有能力的，尽管她们的社会给她们设下了几乎难以逾越的障碍[5；267；293；298]。现在越来越明显的是，在学校里女生比男生表现得更好。这当然不大可能是一个反映女生在智力方面出现变化的新现象，而多半是由于女性从来都和男性同样聪明，从来都有能力在智识方面取得与男性同样的成就。这样，确有些酸楚的是，在科学革命的年代，女性由于社会地位较低，无法对科学革命做出贡献。

基本上可以说，但凡关乎现代早期科学发展之政治维度的史学理论，都是有争议的。引起争议的原因并不在于历史本质上是难以确信的——与这一点没有关系。在这里，我们好像进入了另一个与通常广泛接受的有关科学性质的观点相冲突的领域。当然，也有很多科学家、科学哲学家甚至科学史家仍然相信，科学知识在某种程度上能够超越社会方面和政治方面的任何影响。作为这些看法之来源的信念是，科学的逻辑或者数学是内在连贯的、自给自足的，而且通常用以确立科学主张的实验设置也明显脱离并独立于直接的社会和政治因素。这里我并不想展开这些争论，而只想说，就像前面所指出的，社会因素确实影响了科学理论和实践在过去的发展。因此，我们作为史学家，要谨慎地对待所谓事情已经变化、科学现在已经超越了社会语境和文化语境的说法，不管这是科学家说的，还是哲学家说的。科学哲学家也不能说，自然哲学纵然能被用于政治目的，但其本身在某种程度上是先于社会的（pre-social），是"纯粹智识性的"[273]。这里已经指出，科学的社会结构里的很多方面与我们对现代科学起源的理解密切相关。

面对如此多不同的有关科学受经济或者政治方面影响的研究论点，即便我们不相信其中有哪个是完全正确的，仍可得出一个经验教训：如果仍然想要尽可能完全地理解科学革命，就必须不仅考察自然哲学思考以及与科学知识任何一个方面相关联的各种技术细节思考本身，还要考察宗教、神学、政治、经济、形而上学、方法论、修辞，尤其是所有这些因素之间复杂的相互作用。只有通过这样深入的综合，才有希望理解这个被视为"现代世界以及现代精神的真正起源"的文化现象 [33: viii]。

第八章

结　　语

这本小书对浩瀚的学术研究成果做出了一种简单化的概述。如果还要进一步简化，对该概述再做概述，就只好这样说：在文艺复兴时期，由于发现了大量从前只闻其名的古代著作，亚里士多德屹立在自然哲学领域里的权威逐渐坍塌。其结果当然不只是亚里士多德权威的终结，真理能从任何权威人物的论断里得到的观念也随之终结。为寻求能够替代亚里士多德学说的东西，有志于理解自然世界本质的人求助于或专注于其他各种传统。它们从前是被大学自然哲学排斥的，现在却繁荣起来。这包括数理科学、炼金术、自然法术的其他方面，至少还包括一些技术工艺。在某些情况下，这些可供备选的自然世界知识来源，要么带来了对自然世界的理解的显著变化（比如宇宙论，或者有关物体或物质本性的理论），要么带来了获取自然知识的方法上的明显变化（变成主要是数学式的或者实验式的）。在绝大多数情况下，这些不同的理解（从传统自然哲学的角度来看，还是非常激进的）只是相关科学或者技艺的标准实践的伴随物（换言之，它们是数学家们以数学家的方式处理自然现象的结果 [12; 13; 15; 68]，是炼金术士们从实验调查里获得结论的结果 [221; 239; 77; 320]，是占星术士们想当然地以为天体力量在影响地上事物的结果 [294; 95; 145; 146; 153] 等）。尽管这些信念和程序在其自身的语境里是很正常的，可一旦整合进自然哲学那更广阔的视野里，则不仅形成新的结论与信念，还在理解自然方面形成新的方法与新的重心，转而又导致了更进一步的变化。推动这些变革，绝非少数几个杰出的天才独立所能为的。伟大的人物所能够做的，只是从不同的实践从业者群体所启动的普遍潮流中脱颖而出。这些群体里的成员，正如在各行各业中的一样，表现出不同的能力，做着各自的奉献，也经历着差异较大的幸运或不幸。此外，既然自然哲学从来都被看作神学这位"科学的女王"的婢女，既然宗教机构也在经历着激烈变化，那么，在理解自然方面所出现的变化当然也受到宗教与神学方面动荡的驱使 [9; 26; 46; 67; 70; 93; 140; 147; 157; 168; 183; 189; 193; 222; 259; 316]。总体结果便是全面的彻底变化，不只涉及对自然世界的理解，在如何获得这一理解、如何确证这一理解的真理性质方面也是如此。

纵然有些史学家还在犹豫，但这一彻底变化作为历史事实已是不能被否认的。以贝尔纳·勒·博维耶·德·丰特内勒（Bernard Le Bovier de Fontenelle，1657—1757）为例，自1699年起他就是巴黎皇家科学院的常任秘书。在18世纪20年代他曾写到牛顿、莱布尼茨、雅克·伯努利（Jacques Bernoulli，1654—1705）、皮埃尔·伐里农（Pierre Varignon，1654—1722）以及其他人对微积分的发展，称这是"一个几何学领域近乎全面革命的时代"[45: 212; 33: 第9章]。在18世纪50年代，德尼·狄德罗（Denis Diderot，1713—1784）、让·勒朗·达朗贝尔（Jean le Rond d'Alembert，1717—1783）这两位《百科全书》（Encyclopédie）的编者都谈到17世纪所启动的科学革命，他们认为这场革命仍在继续[45: 217—220; 135: 1—2]。

18世纪对科学的革命性变化的认知，其主要灵感无疑来自牛顿。法国知识界虽然一度不曾留意他，却还是慢慢地承认牛顿要好过笛卡儿，特别是由于伏尔泰写作了《英国书简》（Letters on the English Nation，1734）、《牛顿哲学原理》（Elements of Newton's Philosophy，1738），还有莫佩尔蒂（Maupertuis，1698—1759）公布了确定地球形状的结果——这被看成对笛卡儿理论与牛顿理论孰是孰非的检验（如果笛卡儿是正确的，那么地球就像一枚高高竖立着旋转的鸡蛋；如果牛顿是正确的，那么地球就应该更像一枚侧着旋转的鸡蛋）。达朗贝尔在《百科全书》绪论里说，终于有一位伟大天才建立了正确的自然哲学形式，牛顿对18世纪以及以后的影响谁都无法与之相比[131: 第14章; 120: 第5章; 135; 144; 169; 290; 105; 266; 152; 39; 也可参看35]。当时普遍认为，牛顿《自然哲学的数学原理》是使用新的数学方法研究物理的典范，牛顿的《光学》

一书则是实验主义的典范。牛顿关于自然现象成因的思考，不论是物体微粒之间的吸引力与排斥力，还是相互排斥的微粒所构成的到处弥漫的微妙以太，都对化学的发展，对电、热和光的理论的发展产生影响 [135；144；266]。牛顿的方法所取得的公认的成功使得启蒙运动常常要求助于它，启蒙运动想发展一种"人的科学"，包括感觉主义心理学（sensationalist psychology）、公民道德和政治经济学 [120；135；225]。

但要是把科学革命的遗产归为牛顿的遗产，那可就错了。就连牛顿本人也承认，他只有站在巨人的肩膀上才看得更远。此外，18 世纪英国在数学方面的发展，也许更多地要归功于莱布尼茨和伯努利兄弟的贡献而非牛顿。牛顿对英国数学家们的统治，反倒造成一种明显的退步（通常认为，其原因在于牛顿的符号系统与欧陆数学家们的相比过于笨拙）[131；135；120]。牛顿在物理学里也没有称雄。以有关"活力"的争论为例，牛顿并不占优势 [131；134；166；也可参看 35]。牛顿有关物质的吸引力与排斥力的信念对化学理论产生影响，但也只是 18 世纪化学所援用的众多早期理论和实践中的一种而已 [135]。牛顿的方法论曾被用于支持新构想的社会科学方面的主张。然而，在内容方面参考得更多的，还是更早的那些政治和道德理论家，比如威廉·配第（William Petty，1623—

1687）、托马斯·霍布斯和约翰·洛克 [225]。18 世纪初期
一度时兴牛顿主义医学，却只是昙花一现，生物医学科
学基本上还是沿着牛顿的名字光彩照人之前就已形成的
那些路线发展 [30; 126]。同样，也不乏反对牛顿及其哲学
的声音 [35; 166; 4; 274; 300; 328]。

要理解牛顿在启蒙运动中的崇高地位，我们得谨记，
有关科学领域内已经发生一场革命的那些最早的说法，
其目的本身就在于强化自然哲学在智识领域内的权威地
位。丰特内勒、百科全书派、伏尔泰，还有其他法国启
蒙哲学家们，他们都是出于自身的理由，想让自然哲学
成为一个有力而且可靠的新的知识体系，引导进步，推
动人类境遇的改善。这些作者迫切需要一些英雄形象来
代表这场运动的力度，因此就推出笛卡儿代表唯理论，
推出培根代表经验主义，尤其重要的是推出牛顿来代表
两种方法的成功结合 [45; 44; 参看 68]。

启蒙时代的知识界把自然哲学看作一种手段，推广
其对于理性与经验之权威性质的信念，推广其对于自然
主义论证之力量和可靠性的信念。他们这样做可不只是
一种权宜之计，更非单纯巧合的现象 [39; 135; 152; 249]。毕
竟，他们正是那个他们开始视之为科学革命时期的时代
在智识领域所带来的激烈变化的直接继承者。因此，最
后可以得出这样的结论：他们现在以这种方式来看待自

114

然哲学，以及他们敢于展望自然哲学能够用于为社会的正确秩序和运行建立法则，这本身就表明在知识的处理方面确实发生了一场革命。科学革命是彻底的。

术语表

术语表部分就是简要地解释一些专业的科学术语、一些重要的历史条目，以及一些历史编写方面的重要概念。科学和历史编写方面的条目还会给出相关的推荐书目的编号，供那些希望进一步研究这一问题的人参考。

absolutism　专制制度：一种政治制度。所有权力都属于君主及其直接代表 [19；274]。

active principles　主动本原：物体内部的一些本原，据说它们是物体的各种活动（比如地心引力、发酵等）的原因。这是牛顿的一个概念，在之前的思想家那里也有所体现 [78；145；320]。

aether　以太：该术语通常用于指称在亚里士多德传统里构成了天体或者天球的那种实体 [124；60；148]。

alchemy　炼金术：一门古代技艺。探索各种使不同实体相互影响而生产出新实体的方法，目的是创造完满（例如把贱金属变成黄金）。因此，在很多方面它是原始化学，可是由于追求完满，有时有神秘主义的意味 [77; 78; 216; 221; 320]。

animalculism　精源说：一种信念。来自列文虎克对精子的发现（1677）。指一个生物体的后代包含并预先形成于雄性的精种中 [318; 230; 258; 325]。

animism　泛灵论：一种信念。认为自然对象（甚至包括那些似乎并没有生命的事物）都被赋予灵魂（从而都有某种理智）[133; 149]。

apologetics　护教学：运用理性为神学以及宗教的其他方面辩护和正名 [37; 162; 327]。

Aristotelian　亚里士多德主义的：来自亚里士多德这位在自然哲学方面最有影响的古希腊哲学家的著作，或者以他的著作为基础。不必视其为陈腔滥调，在基本的话题上已有大量改良和变体 [124; 192; 269]。

astrology　占星术：研究、诠释群星对人间事务以及其他尘世事务的影响。中世纪与文艺复兴时期对此都普遍相信，并从哲学方面为之正名，但在 17 世纪末式微 [53; 79; 294]。

astronomy　天文学：研究、诠释天体运动。一门用于历法编订、航海、占星术和宇宙论的实用技艺。它是一门混合数理科学 [60; 79; 82; 148; 185; 186; 191; 232; 295; 321]。

atomism　原子论：一种古代哲学体系。它通过肉眼看不见的物质微粒即原子的运动、结合与安排来解释所有自然现象。在有些机械论哲学里它得到复兴 [221; 303; 206]。

Baconian　培根主义的：来自培根的学说，或者以培根的学说为基础。通常是指观察方面、分类方面以及经验方面的操作 [117; 150; 188; 200; 233; 253; 329]。

***bête machine*　动物机械**：笛卡儿关于动物的构想。认为动物是一个复杂的自动机械 [29; 30; 75; 116; 133; 143; 318]。

Calvinism　加尔文宗：加尔文（1509—1564）创立的新教体系，有时候等同于清教 [46; 210; 218; 310; 314]。

Cartesian　笛卡儿主义的：来自笛卡儿（1596—1650）的学说，或者以笛卡儿的学说为基础 [109; 111; 114; 116; 285]。

centrifugal force　离心力：物体旋转产生的一种离开中心向外去的力量。惠更斯创造的术语，但笛卡儿主义已经有了设想 [316; 328]。

centripetal force　向心力：朝着中心向里去的力量，比如引力。牛顿创造的术语 [316; 328]。

continuist　连续论：一种历史编写立场。认为现代早期的科学创新其实都脱胎于中世纪的自然哲学 [195; 124]。

Copernican　哥白尼主义的：来自哥白尼（1473—

1543）的理论，或者以哥白尼的理论为基础。通常笼统地指任何一种认为地球围绕太阳旋转的体系。因此，开普勒（1571—1630）也可算一位哥白尼主义者，尽管开普勒的椭圆行星轨道理论表明他的天文学与哥白尼完全不同 [60；82；148；185；186]。

corpuscularism　微粒论：一种哲学立场。类似于原子论，但认为物质的基本微粒是可分的，抑或无法被证明是不可分的 [40；131；220；221；303；318]。

correspondences　感应：假设不同的物体之间存在关联，在存在的巨链上有着相互呼应的位置。太阳作为天体里最高贵的，被认为与黄金这种最贵的金属相感应。它认为相互感应的物体是可以相互影响的，通过法术的操作可以获得想要的结果 [297；150]。

cosmology　宇宙论：假定宇宙的结构与体系是和谐的、有秩序的，并进行研究。一般认为这门科学得到了或者应当得到天文学这门技艺的支持 [60；95；185；199；321]。

Counter-Reformation/counter-reforming　反宗教改革：罗马天主教会发起的运动。旨在抵消新教的宗教改革的影响，夺回改宗者 [9；20；89；261；282；284]。

deductive logic　演绎逻辑：亚里士多德著名的逻辑形式。出色之处在于能够得出特定的结论。其基础是各种三段论 [68；197]。

deferent　均轮：天文学上的大圆。常与本轮结合，指行星围绕世界体系的中心旋转的运动 [60; 148; 186; 232]。参看 epicycle（**本轮**）。

deism　自然神论：一种信仰。信仰自然宗教、自然神学的那些原则。自然神论者基于自然主义或者理性的理由信奉上帝的存在、灵魂的不朽以及其他基本宗教信条，但否认或者忽视许多由《圣经》经文派生出来的信条（如童贞女生产，基督的神性、复活与升天，三位一体）[162; 225; 317]。

demonology　恶魔学：对恶魔以及如何召唤恶魔进行研究。法术师受到引诱召唤恶魔，展示其高超的自然法术知识（恶魔本身并没有超自然的能力）。教会认为这是极其异端的 [36; 38]。

discipline boundaries　学科界限：不同专业领域之间所做的学术划分，比如植物学和动物学。科学革命的很多方面可被看作学科界限划分的方式变化带来的结果。举例来说，天文学与宇宙论 [68; 173; 186; 321]、力学与关于运动的自然哲学 [12; 65; 68; 106; 107; 190]、自然法术与自然哲学 [37; 54; 83; 84; 146; 212; 253; 296] 或者自然史与自然哲学的界限等出现变化 [8; 97; 119; 258; 325]。

dualism　二元论：一种信念。相信灵魂与身体是两种截然不同的事物。一种遭斥责的神学传统（比如路德宗驳斥它），却在笛卡儿主义中获得了哲学的支持 [75；116；143]。

118   **dynamics   动力学**：为莱布尼茨所创造。指他本人用力的概念来解释事物的那种方式。通常——这里也是如此——指所有用力的运作来解释自然现象的做法 [104；106；107；110；134；316]。参看 kinematics（**运动学**）。

    early modern period   现代早期：笼统地指文艺复兴之后的那段时期。这里认为开始于 16 世纪，覆盖整个科学革命时期。

    eccentric   偏心：偏离圆心。假定地球多少有些偏心，这是天文学的一个简单技巧，帮助解释行星被观察到的速度与亮度变化（行星因此远离地球）[60；82；186；232]。

    emboîtement   **嵌套理论**：一种假定新生代其实都已包含在前一代的卵子（卵源说）或者精子（精源说）中的预成理论。比如主张卵源说的人认为雌性含有卵子，其中有些卵子又含有许多微小、已预先成形的、具有卵子的雌性，以此类推以至无穷 [243；257；258]。

    empiricism   经验论：一种学说。认为知识的形成来自感官的运用以及感官提供的信息 [197]。

    Encyclopédie   **《百科全书》**：约定俗成的简称，指多卷本《科学、艺术及工艺百科全书》（*Encyclopedia of Sciences, Arts, and Trades*），1751 年开始出版，主编是狄

德罗与达朗贝尔。它是启蒙运动的象征性代表作，灵感来自培根未完成的《伟大的复兴》[135; 152]。

Enlightenment　启蒙运动时期： 科学革命之后的那个时期，也称理性的时代。像文艺复兴一样，这也是一个标签，实际上由生活在这一时期的知识分子所创造。启蒙运动的很多方面明显源于科学革命的精神气质。启蒙思想家特别推崇培根、笛卡儿、牛顿和洛克[39; 135; 152]。

Epicureanism　伊壁鸠鲁主义： 来自伊壁鸠鲁（约公元前341—前270）的著作，或者以伊壁鸠鲁的著作为基础。这位希腊化时期的思想家提出一个原子论自然哲学体系，但基督教传统视之为老牌无神论者。伽桑狄（1592—1655）复兴了他的哲学，也在很大程度上修复了他的哲学的声誉[31; 179]。

epicycle　本轮： 用于天文学，指一颗行星所运行的较小的圆，这个圆还围绕着一个更大的圆（均轮）旋转，那更大的圆以世界体系的圆心为圆心，或者距离世界体系的圆心很近。行星的这种既沿着本轮又沿着均轮的旋转，使得天文学家得以解释行星被观察到的速度和亮度变化（以及与地球之间的距离），还有行星的逆行运动（根据观察，行星有时候还会翻转），而又不致违背古希腊人的铁律，即天体的运动必定是匀速（不变）且完

满的圆周运动 [60; 148; 186; 232]。

epigenesis　渐成论：一种生殖理论。认为胚胎来源于原本无定形的物质。尽管哈维和笛卡儿为之拥护，但机械论哲学觉得它是不可思议的，故而为与之竞争的预成论所取代 [243; 318]。

epistemology　认识论：一种研究和理论。探讨知识是怎么获得和确认的（比如通过感官经验或者通过理性的运用）[100; 142]。

equant　偏心匀速点：空间里的一个纯属想象的点，偏离行星均轮的圆心。由于这个点，一颗行星的运动（或者本轮的那个纯属想象的圆心的运动）是匀速的、不变的。这是托勒密天文学的一个创新，暗示本轮的圆心实际上并不是匀速地围绕着均轮旋转，而是速度不断变化。虽遭受攻击，被认为违背古希腊的信条（运动是匀速的），被认为在物理学上是解释不通的（本轮的圆心怎么可能在有一个偏心点的同时还是匀速地运动呢？），但它有益于解释所观察到的行星运动 [60; 186; 232]。

experientialism　经验主义：一种学说。认为所有的知识都是或者都应该是以感官经验为基础的 [197; 253; 254]。

experimental philosophy　实验哲学：指17世纪晚期英格兰思想家（尤其是皇家学会的主要成员）所主张的那种自然哲学，要求实际从业者运用培根的经验主义或者实验主义确立无可置疑的事实。与欧陆的机械论哲学家不同，实验哲学家可以接受玄妙的性质（如引力或者磁体的吸引力，或者空气的"弹性"）是通过实验确立的事实 [66；145；147；279]。

experimentalism　实验主义：一种学说。认为关于自然世界的知识基本上是由特别设计的测试或实验确定的，经常辅助以特殊的设备或仪器 [12；13；15；197；296]。

external history　外史：一种历史书写。它试图解释科学领域创新性的观念是怎么形成的，并从社会、政治、宗教以及其他文化影响的角度来解释同时代人的接受或者不接受。它经常遭受批评（这批评固然是天真的），被认为对科学的内部动态过程、科学的内在逻辑，对实验的据说无懈可击的证明演示，对自然本身的确凿信条，未给予足够的重视 [277]。参看 internal history（**内史**）。

force　力：能够使物体产生运动变化的操作者。机械论哲学一般都认为"力"源于物体的运动，故而通常与"碰撞力"或"冲击力"同义。也有人（主要是在机械论哲学之外，也包括牛顿）用它来指那些能够超距作用从而被认为"属灵"或者"玄妙"的运作 [78；104；109；110；316]。

Galenic　盖伦主义的：来自盖伦（约 129—199）的

学说，或者以盖伦的学说为基础。这位古代的医学体系大师在医学界影响极大，与亚里士多德在自然哲学界的情形相仿 [25；103；309]。

geocentric　地心说：指一种认为地球是中心或者距离中心很近的天文学体系 [60；186；232]。

geometrical archetype　几何原型：开普勒指出，这是上帝使用的"蓝图"，用以确定行星的数目以及把行星放于何处。包括嵌套在行星天球之间的 5 种柏拉图正多面体 [24；95；185；199]。

geostatic　地静说：一种认为地球是静止的天文学体系 [60；186；232]。

Glorious Revolution　光荣革命：英格兰 1688 年的革命。在废黜改宗天主教的詹姆斯二世（James II）以后，由威廉（William）与玛丽（Mary）联合执政 [169]。

golden ratio　黄金比例：如果有两个量，其中较小者与较大者的比值等于较大者与这两者之和的比例，那么，这两个量就形成黄金比例。所谓的黄金矩形（其各边呈黄金比例），可分割为一个正方形和一个小的黄金矩形。一般认为它有特别的象征意义，又发现它再现了自然界当中的很多比例。

Great Chain of Being　存在的巨链：一种简便的说法，指一种传统的普遍信念，认为上帝把所有受造物安排为各个等级，中间没有断裂。以动物为例，每个动物都在这个等级体制里占有其指定的位置，低于它上面的，又高于它下面的[193; 224]。

heliocentric 日心说：指一种认为太阳是中心或者距离中心很近的天文学体系[60; 186; 232]。

Hellenistic Greek 希腊化时期的希腊人：这里指 ¹²¹ 某位晚期希腊思想家。其活跃年代在亚历山大大帝辞世（公元前323）以后，更确切地说在亚里士多德辞世（公元前322）以后[192]。

Helmontian 赫尔蒙特学派：来自赫尔蒙特（1579—1644）的学说，或者以赫尔蒙特的学说为基础。赫尔蒙特是一种深受炼金术启发的宇宙论和生理学体系的缔造者，该体系与帕拉塞尔苏斯主义相似，然而也有所区别[41; 229]。

Hermetic tradition 赫尔墨斯传统：一种思想传统，来自《赫尔墨斯文集》（*Hermetic Corpus*）。这些著作的作者据说是远古时期的赫尔墨斯·特利斯墨吉斯忒斯，现在则认为它们都是在基督教早期写成的。在有关科学革命的历史编写领域里，它一直都占据着重要地位，但一般都认为它只是广义的新柏拉图主义传统的一个方面而已[54; 55]。

historiography 历史编写：关于历史的写作。因此，历史编写与历史学不是一回事。伽利略在历史学上的意义来自他是谁、他做了什么。他在历史编写里的意义来自科学史家们很重视他。历史编写方面的争论是史家们引起的，历史学上的争论则是重要人物引起的 [6; 48; 277]。

homocentric　同心说： 有同一个圆心。指天球是嵌套式的，就像亚里士多德的世界图像以及古希腊天文学体系所描写的那样，所有旋转都围绕着地球。托勒密的本轮体系则不同，有很多圆心，它们的圆心又在均轮上旋转 [60; 186; 232]。

humanism　人文主义： 该名词用于指涉文艺复兴运动，当时学者们推崇他们所说的人文研究，亦即对人文学科的研究。人文主义者复兴了对古代文学、艺术和哲学的研究，并试图改革教育 [6; 55]。

humoral pathology　体液病理学： 依据四种体液在身体里的正常平衡被打破的原理对疾病进行研究 [25; 192]。

humours　体液： 与所谓的四元素（火、气、水与土）相对应的四种身体要素，一般等同于身体里的四种液体：黄胆汁（胆汁质）、血液（多血质）、黏液（黏液质）、黑胆汁（抑郁质）。这种等同并不是绝对的。举例来说，身体里的任何一种液态物质都可以被看作黏液，或者主要是黏液 [25; 133; 192]。

hydrostatics　流体静力学： 对漂浮或悬浮在液体里

的物体进行研究。一门混合数理科学 [80；81]。

hylomorphism　形质论：亚里士多德的物体理论。认为物体由质料与形式构成（这两者不可能独自存在，质料必须要有形式，形式不能没有质料）[221]。

122

hypothetical　假设性的：以假设为基础。假设之为一种悬设或者推测，一般用于解释特定事实或现象，但证据方面往往不充分。这一时期天文学用它作为一种单纯工具性的手段，计算行星的位置，并不涉及天界真实情况 [321；282：118—119]。

iatromechanism　机械论医学：一种医学理论。以机械论哲学（认为身体按照液压学运作）和其他机械论体系为基础 [25；29；30]。

***impetus* theory　冲力理论**：由让·布里丹（Jean Buridan，约 1295—1358）在中世纪提出，为伽利略（1564—1642）所采纳，并取代亚里士多德有关运动的说法。该理论认为，抛物体在离开抛物者之后还会继续运动（对于亚里士多德来说是个难题），其实是由于被施加的冲力在起作用。冲力在抛物体的飞行过程中耗尽 [33；131；192；306]。

induction　归纳法：一种推断形式。一般认为它要逊于演绎法，因为它缺乏确定性，不能提供因果方面的解释。但它得到了培根（1561—1626）的拥护，他认为它更有创造性，唯独它能够引向新发现。就其本质而言，这种方法是由共同的感官经验（比如"橡木能漂浮""梧桐木能漂浮"等）得出普遍命题（如"所有的木头都能漂浮"）[68; 90; 146; 197; 329]。

inertia 惯性：物体的一种倾向。物体倾向于维持原来的静止状态或者在直线上匀速运动的状态。这是牛顿确立的概念，但在笛卡儿、伽桑狄等人的著作里已有雏形。它是一个重要的替代者，替代了亚里士多德的格言——"事物的运动是由于另一个事物的推动"，即运动必定是由于力的持续作用而得以维持的[76; 104; 316; 318]。

instrumentalism 工具论：这种立场认为科学理论并不是再现现实，而只是工具，使我们能对自然事件和过程做出预测。在我们这个时期，最知名的支持者是奥西安德（1498—1552）。他在监督哥白尼《天球运行论》的刊印时，自作主张地加上了由他执笔的工具论序言[173; 174; 321]。

intellectualist theology 唯理智论神学：强调上帝的理性在创世中的作用，认为上帝为其理性所引导而创造了尽可能最美好的世界，在这世界里没有什么是意外的，全都以善、美和理性这些永恒原则为基础，于是就有可能运用理性找出世界的体系[193; 224; 227]。参看 voluntarist theology（**唯意志论神学**）。

internal history　内史：一种历史书写。它强调科 *123*
学中的技术发展，这些发展在内在论者看来完全由科学
的内在逻辑所决定，至于更广阔文化语境的影响则不甚
留意，甚至不予留意，更不会承认 [277]。参看 external
history（外史）。

Interregnum　空位时期：指英格兰与苏格兰在查
理一世（1600—1649）被处决以后、查理二世（1630—
1685）于 1660 年复辟王政之前的那段时期 [310; 311]。

inverse square law　平方反比定律：引力定律的一
种简便说法。它指出吸引力的大小与两个物体之间距离
的平方成反比。距离的平方越大，吸引力就越小，反之
亦然。要是两个物体之间距离增加 4 个单位，它们之间
的吸引力就会减少 $4^2=16$ 个单位 [131; 132; 316; 318]。

kinematics　运动学：关于运动的科学。这里用它
将以物体的运动为基础的解释同以力为基础的解释（动
力学）区别开来。具体说来，伽利略与笛卡儿都避免以
力的概念（力通常被视为玄妙的）作为基础，只谈物体
的运动 [106; 107]。

Latitudinarianism　圣公会自由派：这里用它来指
17 世纪晚期英格兰教会的一个重要派别所持的立场。它
主张只须遵守少数无可争辩的教条以避免宗教冲突，而
且其他所有与信仰有关的事情都与得救无关。一般认为

它作为一项重要因素，促使英格兰科学在王政复辟以后形成了自圆其说的方法论 [147; 280; 327]。

Laudian Anglicanism　圣公会劳德派：威廉·劳德大主教（1573—1645）所推重的一种圣公会礼拜仪式。许多英格兰人认为，它过于接近罗马天主教 [299]。

macrocosm　大宇宙：世界体系 [297]。参看 microcosm（小宇宙）。

magic, mathematical　数学法术：数学法术不只指以对数字的操作以及数字据说所具有的重要性为基础的法术（数字命理学），也指机械装置或者其他隐藏的机关所造成的效果 [42; 83; 84; 136; 146; 219; 330]。

magic, natural　自然法术：这种法术的基础是利用事物的自然力量或者品质，使其与其他事物相互作用，取得特定效果 [42; 53; 54; 146; 296; 313]。

magic, spiritual and demonic　灵界法术和恶魔法术：这种法术的基础是召唤天使或者恶魔。特别要提到的是，天使和恶魔也被看作自然界里的受造物，于是只能够运用自然法术形成一些自然事迹。它们并没有超自然的能力，只有上帝能够运行超自然的能力 [36; 38; 42; 139; 313]。

manifest qualities　明证的性质：这类性质被认为来自四元素或者这些元素的结合：主要的有热、冷、干和湿；次要的有软、硬、甜、苦和其他能够由感官直接感觉到的性质 [53; 164; 212]。

materia medica **制药原料：**由这些事物可制造出药，主要是草类以及其他植物材料，也有昆虫、动物等。帕拉塞尔苏斯以及其他人还把矿物质（如各种盐类物质）作为制药原料 [25; 52]。

mechanical philosophy **机械论哲学：**一种重要的新哲学体系，在科学革命时期发展起来，有很多表现形式。在最严格的形式里，物体的所有属性都被认为来自肉眼看不到的细小微粒的形状、大小、组合和运动，所有的因果关系都源于接触作用。这些解释类似于机械论的模型 [69; 76; 109; 118; 285; 318; 328]。不怎么严格的形式则容许物质具有玄妙的性质，只要有经验方面的根据可以证明。参看 experimental philosophy（**实验哲学**）。

mechanicism **机械主义：**本书用它来指对机械论哲学抱有的信念。

mechanics **力学（或机械学）：**就传统而言，指有关机械的理论，尤其是以下五种"简单机械"：杠杆、楔子、滑轮、螺旋和轮轴。但是这一理论在科学革命时期发生变化，囊括了碰撞理论和其他与运动物体有关的问题 [106; 107; 190]。

metaphysics **形而上学：**有关第一原则或者基本信

条的哲学研究与理论。亚里士多德根据质料与形式对物体进行定义，这是一种形而上学立场。机械论根据肉眼看不到的细小微粒通过具体结合和安排而形成的聚集来定义物体，这也是一种形而上学立场 [142]。

methodology　方法论：关于获得可靠自然知识的正确方法和程序的研究与理论 [68; 197]。

microcosm　小宇宙：认为人类（当然一般是指男人）以微观的形式浓缩了宇宙（即大宇宙）的全部复杂性和多样性。这是法术传统的一个重要概念。举例来说，主张群星与人身体各个部分之间存在着感应 [73; 297; 312; 313]。

minima naturalia　最小自然物：亚里士多德的一个概念。这是最微小的实体，要是低于这个大小，实体就不可能再维持其特有的形式，而转变为无定形的质料。那些作为化学前身的理论思考使用它，在原子论思维方式复苏的过程中它的影响很大 [86; 303]。

mirabilia　奇技：直译是"奇妙的事物"。指宫廷布景、庆典、假面剧以及类似场景经常使用的装置或者自动机械，通过隐蔽手段制造出虽然让人印象深刻或者感到惊异却只供人娱乐的效果 [18; 83; 84]。

mixed mathematical sciences　混合数理科学：天文学、光学、音乐学、静力学以及其他运用抽象的数学对自然现象进行解释的门类，在亚里士多德看来是"混合"的科学，因为它们把来自一门科学（如几何学）的解释同另一门科学（自然哲学）的解释相混合。一般都认为与自然哲学这门纯正科学比起来，它们较缺乏确定性 [68; 142; 174; 191]。

moral certainty　盖然确定性：这种确定性只要给出证据，将说服任何一个有理性的见证者。这是在旧的亚里士多德的确定性标准不再可行之后，新派哲学家们援引的一种确定性的概率形式 [279; 281]。

musical archetype　音乐原型：开普勒认为上帝用音乐模式来安排各个天体参差有别的运动。它的基础是毕达哥拉斯的"天球和声"构想，该构想认为各天球的有秩序的组合形成一种天体音乐 [95; 289]。

natural philosophy　自然哲学：试图理解并解释自然世界的运作。切勿以为它就是我们所说的科学，毕竟我们的科学概念的很多方面，在科学革命时期以前都是自然哲学所没有的。具体说来，经验和数学研究在现代早期与传统的自然哲学是相关联的，并结合在一起 [21; 111; 124]。

natural theology　自然神学：对自然世界的研究，将自然世界作为确立上帝存在以及上帝的某些特征的手段。由此有了一种宗教立场，认为健全的神学要以自然主义的原则和证据为基础 [119; 157; 225; 246; 257; 258; 317]。

Neoplatonism　新柏拉图主义：严格说来，指希腊化时期及其以后的思想家们的哲学，虽然形态多样，但他们都自视为柏拉图（公元前 427—前 347）的追随者。他们很重视柏拉图思想里那些更具宗教性的成分。这是一种并没有得到严格界定的信念体系，通常与法术的世界观关联着 [42；78；204；313]。

Newtonian　牛顿主义的：来自牛顿（1642—1727）的著作与理论，或者以牛顿的著作与理论为基础 [105；266]。

126　　**numerology　数字命理学**：有关数字所具有的重要性的研究与理论。这是一种来自法术的信念，认为数字能够用于揭示上帝的用意与计划 [73；91；92]。

occasionalism　偶因论：一种哲学立场，来自笛卡儿的机械主义，认为上帝是自然变化的唯一真实的原因。运动由一个物体在撞击中传递给另一个物体，因为上帝维持整个体系是根据其所设定的运动规则或者运动定律。一块扔出去的石头是没有内在能力打破窗户的，但是它击中玻璃便给了上帝一个让窗户破掉并且让石头继续运动的"偶因" [141；178；203]。

occult qualities　玄妙的性质：实体的那些隐藏的属性。它们是感官不能直接觉察到的，只能通过它们的效果间接地觉察。不能把它们简单归结为明证的性质在起作用 [53；54；164；212；145]。

optics　光学：一门有关光与视象的科学。一门混合数理科学 [57; 198; 250; 259]。

ovism　卵源说：一种信念。它认为雌性的卵子是繁殖的关键因素，是繁衍后代必不可少的条件。哈维（1578—1657）认为，所有的受造物都出自卵子，但他又认为都是由之前的无定形的有机实体慢慢定形（渐成论）。更流行的说法是，受造物先定形成于卵子中，此观念促成了嵌套理论 [100; 243; 257; 258]。

Paracelsian　帕拉塞尔苏斯学派：来自帕拉塞尔苏斯（约 1493—1541）的著作与理论，或者以帕拉塞尔苏斯的著作与理论为基础。它的基础是一种炼金术世界观，以及对感应的法术信念 [25; 71; 73; 74; 216; 245; 251]。

***philosophe*　哲学家**：法语词。但在英语中专指那些被当成法国启蒙运动领军人物的思想家，如伏尔泰、狄德罗和孟德斯鸠。

physiology　生理学：本书对这个词的使用是基于现代的意味，即研究动物身体各器官的运作，研究它们在维持动物生命方面所具有的形式、功能和作用 [133]。

Platonic　柏拉图主义的：来自柏拉图的著作，或者以柏拉图的著作为基础 [192]。

pre-existence　预先存在：一种信念。它认为所有潜在的后代都已预先成形于所有潜在前辈的卵子里（卵源说）或者精种里（精源说）。这是一种通行于机械论哲学家们当中的信念，他们觉得渐成论很难与他们的观点融洽 [243; 257; 258]。

127

preformationism　预成论：一种有关动物生殖的理论。它认为后代预先存在于前辈的卵子里（卵源说）或者精种里（精源说）[243; 257; 258]。

Ptolemaic　托勒密主义的：来自托勒密（约 100—170）的著作，或者以托勒密的著作为基础。通常指哥白尼主义崛起之前的那种天文学模型 [60; 82; 186; 232]。

Puritanism　清教：一个有争议的术语 [参看 46; 210; 218; 310; 314]。通常指新教信仰里那些更强调禁欲的信仰形式，尤其是加尔文宗。

Pythagorean　毕达哥拉斯主义的：来自通常归给毕达哥拉斯（活跃于公元前 6 世纪）的那些说法，或者以那些说法为基础。与新柏拉图主义传统和法术传统的关联甚为紧密 [146; 192]。

rationalism　唯理论：一种哲学立场。它认为通过一个推理的思想过程可以抵达真理。在古代世界里拥护者是柏拉图（公元前 427—前 347），在现代早期拥护者是笛卡儿（1596—1650）[116; 142]。

realism　实在论：一种信念。它认为科学向我们揭示事物的真实面目。因此，对实在论者而言，天文学向我们表明太阳围绕着地球运行是真实的，或者反过来说，地球围绕着太阳运转是真实的；机械论哲学向我们表明物体由肉眼看不见的细小微粒构成是真实的 [148; 173; 321; 109; 116]。参看 instrumentalism（**工具论**）。

Renaissance　文艺复兴：该名词指欧洲生活和文化出现极重要变化的一段时期，开始于 14 世纪晚期的意大利，至 17 世纪初期已遍及欧洲。该名词意为"重生"，由当时活跃的思想家们使用，指对古希腊和古罗马的艺术、文学和哲学的重新发现与效仿 [55]。

Restoration　王政复辟：在经历共和国及奥利弗·克伦威尔（Oliver Cromwell，1599—1658）护国公体制的空位时期之后又恢复了君主制的行为。也用来指王政复辟之后那个时期 [159]。

retrograde motion　逆行运动：指一颗行星暂时违反正常运行的方向在天空中穿行的运动。自日心说被接受以后，我们现在已经知道这是地球在超过一颗行星的时候所造成的错觉。但托勒密的天文学是通过设想行星在本轮上的翻转来解释逆行的 [60; 186; 232]。

scholastic　经院哲学的：来自信奉亚里士多德的自然哲学家们在大学体系里所撰写的著作，或者以他们的著作为基础 [124; 269]。

signatures　征象：记号或者指示，由上帝留在事物之上，用以揭示这些事物与其他事物的感应或者隐藏着的关系。举例来说，核桃与人脑很像，这就是一个征象，暗示核桃可以用来治愈人脑的疾病[7; 8; 53; 54; 146; 305]。

soul, vegetative, animal and rational　植物灵魂、动物灵魂和理性灵魂：亚里士多德所区分的三种灵魂。植物灵魂维持着最基本的生命，使其成长，供以营养；动物灵魂施加了感觉的能力和自发运动的力量；理性灵魂只有人类具有，施加了更高级的认知能力，等同于不朽的灵魂。前两种灵魂是物质形态的，第三种则是非物质形态的[75; 133; 143]。

sphere, heavenly　天球：比如火星天球与我们所说的火星是不一样的。它指这颗星周围一整圈的巨大球体，以这颗星为圆心或者距离这颗星很近。一颗行星的天球必定是密度很高的，以容纳天文学家们针对这颗行星计算出来的本轮。当然，本轮和均轮都是天文学构造出来的，用以分析这颗处在该天球之内的行星的运动。天球被认为是真实的实体，但它究竟是液体还是坚硬的水晶球体，当时是存在争议的。行星本身只是肉眼看不见的天球里面闪闪发光的标志，使得肉眼看得见天球的运动。哥白尼主义出现以后，这个概念便没有了立锥之地[60; 79; 191; 186; 232; 321]。

statics　静力学：对秤锤、天平、滑轮、杠杆以及其他平衡体系进行研究和做出数学分析，不涉及运动。一门混合数理科学 [76；80；81]。

sublunary　月下界： 在月天球以下。在亚里士多德主义的体系里，物体在这个区域里遵循地界物理学 [79；131；318]。参看 superlunary（月上界）。

substantial form　实体形式： 在亚里士多德主义的传统里，一个特定物体由质料与形式构成，形式赋予质料以形状。一个事物的实体形式赋予事物以基本的、起着定义职能的属性，使事物成其为事物。这个观念甚至还用于因果解释，物体之所以是它们表现出的方式，据说就是由于它们的实体形式 [86；110；124；180]。

superlunary　月上界： 在月天球以上。这是亚里士多德哲学所做的重要区分，在月亮以上与在月亮以下，自然运动是不一样的 [60；79；186；191]。

129

syllogism　三段论： 一种由三要件构成的形式化了的论证：两个前提和一个结论。举例来说：所有的人都是会死的，苏格拉底是一个人，所以苏格拉底是会死的。亚里士多德认为这是所有演绎推理的根基，但培根斥责它不能带来新知识（因为结论总是已暗含在前提里）[68；90；146；329]。

therapeutics　治疗学： 一种医学理论体系。它关注的是确定糟糕健康状况的治疗或者诊治方案。传统的治疗学来自古希腊医学，它关注的是恢复身体里四种体液的平衡 [25; 49; 229; 312]。

Tychonic system　第谷体系：一种宇宙论体系。由第谷（1546—1601）提出，把哥白尼主义的优点与地静说结合起来，认为行星围绕着太阳旋转，太阳围绕着静止的地球旋转 [60; 82; 173; 295]。

vis viva　**活力**：该名词出自莱布尼茨（1646—1716），指物体在运动中所产生的那种主动的力量，比如下落物体带来的撞击 [3; 110; 134; 209]。

vita activa　**主动的生活**：有别于"静思的生活"。指献身于公共服务，致力于"公共福利"，等等。人文主义者推崇它 [6; 55; 69]。

vita contemplative　**静思的生活**：指通过孤独的沉思获得自我提升，为亚里士多德所推崇，也为很多教会人上所追求 [6; 55; 69]。

vitalism　活力论：一种哲学立场，与机械主义对立，认为有生命的受造物都有一个有活力的或者带来生命的本原 [30; 133; 257; 258]。

vortex theory　涡旋理论：笛卡儿物理学的支柱。解释形形色色的现象，依据的是物质所搅动的涡旋（比如，带动行星围绕太阳旋转）。它的根基是宇宙里不可能有哪个地方是真空的，物体要运动就一定会挤占另一个物体的位置。为了避免事物的这种挤占会无限进行下去，它假设一直在发生的挤占是环形的形态 [2; 69]。

voluntarist theology　唯意志论神学：它强调上帝的全能、上帝的不受限的自由意志在创世行为中的作用。它认为世界完全是偶然的，来自上帝的随心所欲的意志，于是也就不可能通过推理找出世界的体系，只能通过经验调查来找 [145; 147; 183; 224; 227; 317]。

whiggism　辉格主义：一种历史编写立场，总体而言是令人遗憾的。它判断过去事件的重要性，是根据现在的标准和考虑等，或者它之所以关注过去的发展，只是由于它们导致了事情现在的状态。它对科学史的工作始终可能构成威胁 [130]。它源于辉格党的信念：辉格党与托利党（这是 18 世纪英国的两大政治党派）相对立，坚信进步一定会战胜反动的保守主义。

world/world system　世界 / 世界体系：不是指地球，而是指宇宙。也就是说，指太阳系以及围绕太阳系的恒星天球。后来（在恒星天球概念被抛弃以后）指无限的宇宙整体 [297]。

推荐书目

　　以下所列文献除一两种以外，均是二手资料，即史家们有关过去的研究。当然，要想很好地理解过去的自然世界观，阅读一手资料，即科学家们写的作品，是无可替代的要做的事情。科学史上所有重要人物的主要著作都有英文译本，获取较容易，要是您希望真切地了解他们的兴趣与方法，请一定要翻看。还有一些关于手稿与通信的英文编著，它们是帮助形成历史理解的重要文献资源。

　　除这里所列的二手资料外，还有很多其他有用的参考书。C. C. Gillispie 主编的十六卷本《科学传记词典》（*Dictionary of Scientific Biography*, New York: Scribners, 1970–1980）有许多重要词条，论及本书提到的所有科学家。关于各个话题的入门知识，可参看 W. F. Bynum, E. J. Browne 和 R. Porter 合编的《科学史词典》（*Dictionary of the History of Science*, London: Macmillan, 1981）。Arne Hessenbruch 主编的《科学史读者指南》（*Reader's Guide to the History of Science*, London: Fitzroy Dearborn, 2000），对科学革命时期

的许多主题和话题做出了有用的导读性的文献梳理。Wilbur Applebaum 主编的《科学革命百科全书：从哥白尼到牛顿》（*Encyclopedia of the Scientific Revolution from Copernicus to Newton*, New York: Garland Publishing, 2000），包含丰富的词条与书目，涉及科学革命时期诸多主题、话题和主要人物。另外，若想全面了解这一时期科学史的所有重要主题，包括人物和地点、主要的科学领域，及其与更广阔文化的关系，还可参看 Katherine Park 和 Lorraine Daston 合编的《剑桥科学史》（*The Cambridge of History of Science*）第三卷《现代早期科学》（*Early Modern Science*, Cambridge: Cambridge University Press, 2006，当中许多文章已列入本书推荐书目，但还有一些同样有价值的文章没有收录进来，故特别推荐参考阅读）。要是对科学革命的历史编写有兴致，可参看 H. Floris Cohen 的《科学革命的编史学研究》（*The Scientific Revolution: A Historiography Inquiry*, Chicago: University of Chicago, 1994）。

互联网也是有价值的信息资源，但一定要极谨慎地使用——有太多网站不太严谨。"维基百科"（Wikipedia）是普通人可参与更新的免费百科网站（http://en.wikipedia.org/，浏览时间为 2008 年 6 月 3 日，下同）。它似乎改进得特别快，这主要得益于其办站原则，要把恶作剧者、知识不健全者的误导删去。即便如此，还是应该对"维基百科"词条进行查验，与其他资料对照。我们这里讨论的话题及人物，有许多在"斯坦福哲学百科"（*Stanford Encyclopedia of*

Philosophy，http://plato.stanford.edu/）中有词条。该网站整体而言品质较高，普通人只要有网络浏览器就能免费读到。以下所列都是公认较严谨而且可免费浏览的网站，但谈不上是全面的互联网资源：

http://web.clas.ufl.edu/users/rhatch/pages/03-Sci-Rev/index.htm，由佛罗里达大学（University of Florida）的 Robert A. Hatch 教授编辑，专注于科学革命，内容丰富。

http://www.fordham.edu/halsall/mod/modsbook09.html，由福特汉姆大学（Fordham University）的 Paul Halsall 教授维护，历史方面的内容很丰富，其中有"科学革命"部分。

http://www.sparknotes.com/history/european/scientificrevolution，这是 Spark Notes Study Guide 的"科学革命"部分。

www.bbk.ac.uk/Boyle，"波义耳项目"（the Boyle Project）网站，内容是关于波义耳的生平与著作。

http://galileo.rice.edu/，"伽利略项目"（the Galileo Project）网站，覆盖伽利略生平与著作的诸多方面，其中"16 世纪和 17 世纪科学共同体目录"（Catalog of the Scientific Community in the 16th and 17th Centuries）为已故教授 R. S. Westfall 辞世前编写，有检索功能（http://galileo.rice.edu/lib/catalog.html）。

www.newtonproject.sussex.ac.uk，"牛顿项目"（the Newton Project）网站，决心把牛顿所有著作放到网上。里面有一些关于牛顿的有用文章。还可参看该网站的加拿大分站

（http://www.isaacnewton.ca），以及"牛顿化学"（The Chymistry of Isaac Newton）网站（http://webapp1.dlib.indiana.edu/newton/index.jsp）。

http://turnbull.mcs.st-and.ac.uk/history，这是 The MacTutor History of Mathematics Archive 网站，圣安德鲁大学数学系（School of Mathematics at the University of St Andrews）创办，里面有诸多重要数学家的传记材料和其他信息。

如果喜欢使用互联网，还可浏览 *Voice of the Shuttle* 这一人文研究网站（http://vos.ucsb.edu/）"科学、技术和文化"（Science, Technology, and Culture）网页，列有许多网站的链接，有些链接又有更进一步的链接。稍不留意就会迷失在网络世界里。

最后，我们来看本书参考的文献列表。

[1] H. B. Adelman, *Marcello Malpighi and the Evolution of Biology*, 5 vols (Ithaca: Cornell University Press, 1966). 厚重的马尔比基著作集，包含一篇学术传记（第 1 卷）和一项胚胎学史研究（第 2 卷）。

[2] E. J. Aiton, *The Vortex Theory of Planetary Motions* (London: Macdonald, 1972). 关于笛卡儿宇宙论的经典研究。

[3] E. J. Aiton, *Leibniz: A Biography* (Bristol: Adam Hilger, 1989). 关于莱布尼茨生平和工作的最全面呈现，但需要辅以一些更具分析性的研究，如 [28]、[110]、[252]。

[4] H. G. Alexander (ed.) *The Leibniz-Clarke Correspondence* (Manchester: Manchester University Press, 1956). 收入莱布尼茨与作为牛顿代言人的克拉克的重要信件往来，编者的导论有用。

[5] Margaret Alic, *Hypatia's Heritage: A History of Women in Science from Antiquity through the Nineteenth Century* (London: Women's Press, 1986). 对科学史上女性的作用做了覆盖甚广的导论性梳理。

[6] Wilbur Applebaum, 'Epistemological and Political Implications of the Scientific Revolution', in Stephen A. McKnight (ed.) *Science, Pseudo-Science, and Utopianism in Early Modern Thought* (Columbia: University of Missouri Press, 1992), pp. 167-202. 对科学革命的精彩、扼要的概述。

[7] Agnes Arber, *Herbals: Their Origin and Evolution. A Chapter in the History of Botany 1470-1670*, 3rd edn (Cambridge: Cambridge University Press, 1986). 导论、注释为 W. T. Stearn 所作（初版于 1912 年），依旧是关于草药志及其意义的最好研究。

[8] William B. Ashworth, Jr., 'Natural History and the Emblematic World View', in David C. Lindberg and Robert S. Westman (eds) *Reappraisals of the Scientific Revolution* (Cambridge: Cambridge University Press, 1980), pp. 303-332. 关于科学革命之前和科学革命时期自然史的历史和

意义的重要文章。

[9] William B. Ashworth, Jr., 'Catholicism and Early Modern Science', in D. C. Lindberg and R. Numbers (eds) *God and Nature: Historical Essays on the Encounter between Christianity and Science* (Berkeley: University of California Press, 1986), pp. 136-165. 对伽利略之后的天主教徒与科学做了精彩、扼要的梳理。

[10] William B. Ashworth, Jr., 'Emblematic Natural History of the Renaissance', in [175], pp. 17-37. 信息量大，但没有像 [8] 那样做出重要分析。

[11] Jim Bennett, 'Robert Hooke as Mechanic and Natural Philosopher', *Notes and Records of the Royal Society*, 35 (1980), 33-48. 重磅文章，指出胡克的实践如何塑造他的理论思考。

[12] Jim Bennett, 'The Mechanics' Philosophy and the Mechanical Philosophy', *History of Science*, 24 (1986), 1-28. 修正主义文章，指出数学从业者在实验方法和机械论哲学的确立过程中所起的作用。

[13] Jim Bennett, 'The Challenge of Practical Mathematics', in S. Pumfrey, P. Rossi and M. Slawinski (eds) *Science, Culture and Popular Belief in Renaissance Europe* (Manchester: Manchester University Press, 1991), pp. 176-190. 对 [12] 的

有益补充。

[14] Jim Bennett, Michael Cooper, Michael Hunter and Lisa Jardine, *London's Leonardo: The Life and Work of Robert Hooke* (Oxford: Oxford University Press, 2003). 对这位重要实验哲学家的描述细致又好读。

[15] Jim Bennett, 'The Mechanical Arts', in [231], pp. 673-695. 关于数学从业者和力学所起作用的精彩梳理。

[16] Francesco Beretta, 'The Documents of Galileo's Trial: Recent Hypotheses and Historical Criticism', in [205], pp. 191-212. 这也许是探讨在伽利略审判中有重要影响的所谓"假禁令"的终结篇。

[17] Klaas van Berkel, 'Intellectuals against Leeuwenhoek: Controversies about the Methods and Styles of a Self-Taught Scientist', in [230], pp. 187-209. 精妙地呈现了当时人对列文虎克及其工作的反应。展示社会因素在智识生活里所起的作用。

[18] Mario Biagioli, 'The Social Status of Italian Mathematicians, 1450-1600', *History of Science*, 27 (1989), 41-95. 对数学从业者地位变化所涉因素的精彩的初步研究。其所列书目比本书的长三倍。

[19] Mario Biagioli, *Galileo, Courtier: The Practice of Science in the Culture of Absolutism* (Chicago: Chicago University

Press, 1993). 生动地呈现了伽利略的社会背景，展示其对伽利略具体科研内容的影响。也许夸大了伽利略的廷臣身份。

[20] Richard J. Blackwell, *Galileo Bellarmine, and the Bible* (Notre Dame: University of Notre Dame Press, 1991). 呈现"伽利略事件"，关注天主教的反宗教改革所起的作用。

[21] Ann Blair,'Natural Philosophy', in [231], pp. 365-406. 精彩、扼要地梳理了科学革命时期自然哲学的变化。

[22] Luciano Boschiero, 'Natural Philosophizing inside the Late Seventeenth-Century Tuscan Court', *British Journal for the History of Science*, 35 (2002), 383-410. 扼要、有益地呈现"实验学院"的活动情况。

[23] Luciano Boschiero, *Experiment and Natural Philosophy in Seventeenth-Century Tuscany: The History of the Accademia Del Cimento* (Dordrecht: Springer, 2007). 全面、精妙地描述"实验学院"。

[24] J. Bruce Brackenridge, 'Kepler, Elliptical Orbits, and Celestial Circularity: A Study in the Persistence of Metaphysical Commitment', *Annals of Science*, 39 (1982), 117-143, 265-295. 细致、精当地呈现开普勒与天球和声。

[25] Laurence Brockliss and Colin Jones, *The Medical World of Early Modern France* (Oxford: Clarendon Press, 1997). 关

于我们这个时期的医学理论和实践的权威性概述。

[26] John Hedley Brooke, *Science and Religion: Some Historical Perspectives* (Cambridge: Cambridge University Press, 1991). 关于科学与宗教互动的最全面、最仔细的梳理。

[27] Harcourt Brown, *Scientific Organizations in Seventeenth-Century France* (Baltimore: John Hopkins University Press, 1934). 关于科学的制度化的研究，年代早，但仍然有用。

135 [28] Stuart Brown, *Leibniz* (Hassocks: Harvester Press, 1984). 关于莱布尼茨的主要哲学旨趣的有用梳理。

[29] Theodore M. Brown, 'The College of Physicians and the Acceptance of Iatromechanism in England, 1665-1695', *Bulletin of the History of Medicine*, 44 (1970), 12-30. 解释机械论哲学何以对医学从业者的职业抱负而言变得重要。

[30] Theodore M. Brown, 'From Mechanism to Vitalism in Eighteenth-Century English Physiology', *Journal of the History of Biology*, 7 (1974), 179-216. 细致地探讨机械论在医学理论里衰落的学术原因和社会原因。

[31] Barry Brundell, *Pierre Gassendi: From Aristotelianism to a New Natural Philosophy* (Dordrecht: D. Reidel, 1987). 细致呈现了伽桑狄如何发展原子论以取代亚里士多德主义的所有方面。

[32] Peter Burke, 'Fables of the Bees: A Case-Study on Views of Nature and Society', in Mikulá Teich, Roy Porter and Bo Gustafsson (eds) *Nature and Society in Historical Context* (Cambridge: Cambridge University Press, 1997), pp. 112-123. 精彩、扼要地展现了社会观与自然观之间的强烈关联。

[33] Herbert Butterfield, *The Origins of Modern Science, 1300-1800*, 2nd edn (London: Bell, 1957). 经典研究，经常被批评，但仍然有用，而且不只是对我们了解后来科学史家们的思路有所帮助。

[34] Jerome Bylebyl, 'The School of Padua: Humanistic Medicine in the Sixteenth Century', in C. Webster (ed.) *Health, Medicine and Mortality in the Sixteenth Century* (Cambridge: Cambridge University Press, 1979), pp. 156-169. 很好地呈现了欧洲这家一流医学院解剖学的思想价值和方法论价值。

[35] Geoffrey Cantor, 'Anti-Newton', in J. Fauvel, R. Flood, M. Shortland and R. Wilson (eds) *Let Newton Be!* (Oxford: Oxford University Press, 1988), pp. 203-221. 精当、细致地梳理了 18 世纪对牛顿的反对及其成因。

[36] Stuart Clark, 'The Scientific Status of Demonology', in [304], pp. 351-374. 提供了新奇而且重要的关于现代早期法术理论的观点。

[37] Stuart Clark, 'The Rational Witchfinder: Conscience,

Demonological Naturalism and Popular Superstition', in S. Pumfrey, P. Rossi and M. Slawinski (eds) *Science, Culture and Popular Belief in Renaissance Europe* (Manchester: Manchester University Press, 1991), pp. 222-248. 关于现代早期试图对自然因果关系进行定义的社会与宗教背景的重要论述。

[38] Stuart Clark, *Thinking with Demons: The Idea of Witchcraft in Early Modern Europe* (Oxford: Clarendon Press, 1997). 权威研究，尤其是第二部分对与恶魔和法术有关的思想观念做出了最全面、最好的处理。

[39] W. Clark, J. Golinski and S. Schaffer (eds) *The Sciences in Enlightened Europe* (Chicago: University of Chicago Press, 1999). 关于启蒙运动时期科学的论文优选集，覆盖甚广。

[40] Antonio Clericuzio, 'A Redefinition of Boyle's Chemistry and Corpuscular Philosophy', *Annals of Science*, 47 (1990), 561-589. 重要文章，指出不可从机械论角度理解波义耳的物质理论。

[41] Antonio Clericuzio, 'From van Helmont to Boyle: A Study of the Transmission of Helmontian Chemical and Medical Theories in Seventeenth-Century England', *British Journal for the History of Science*, 26 (1993), 303-334. 关于化学理论在英格兰新哲学发展当中所起作用的有用研究。

[42] Nicholas H. Clulee, *John Dee's Natural Philosophy: Between Science and Religion* (London: Routledge, 1988). 关于约翰·迪伊 (John Dee) 的最好论述，并对法术在现代科学形成过程中所起的作用做出了精彩研究。

[43] V. Coelho (ed.) *Music and Science in the Age of Galileo* (Dordrecht: Kluwer Academic, 1992). 论文优选集，对音乐与自然哲学的紧密联系进行展示。

[44] I. B. Cohen, 'The *Principia*, Universal Gravitation, and the "Newtonian Style", in Relation to the Newtonian Revolution in Science', in Z. Bechler (ed.) *Contemporary Newtonian Research* (Dordrecht: Reidel, 1982), pp. 21-108. 认为牛顿的方法论是一条独特的、革命性的做自然哲学的路径。

[45] I. B. Cohen, *Revolutions in Science* (Cambridge, MA: Harvard University Press, 1985). 一部对史学家们的"科学革命"概念进行呈现的历史。到处都是精彩的材料。

[46] I. B. Cohen (ed.) *Puritanism and the Rise of Modern Science: The Merton Thesis* (New Brunswick: Rutgers University Press, 1990). 有用的论文选编，取自"清教与科学"论题正反双方，附有书目。

[47] H. Floris Cohen, *Quantifying Music: The Science of Music at the First Stage of the Scientific Revolution, 1580-1650* (Dordrecht: Reidel, 1984). 全面梳理了重要自然哲学家的

音乐理论及其意义。

[48] H. Floris Cohen, *The Scientific Revolution: A Historiographical Inquiry* (Chicago: University of Chicago Press, 1994). 重要著作，梳理了研究"科学革命"的史学家们的思考的差别。

[49] Harold J. Cook, *The Decline of the Old Medical Regime in Stuart London* (Ithaca: Cornell University Press, 1986). 讲述了英格兰皇家医师协会 (English Royal College of Physicians) 的精彩历史，也提供了看待医学与自然哲学之间关系的广阔视角。

[50] Harold J. Cook, 'The New Philosophy in the Low Countries', in R. Porter and M. Teich (eds) *The Scientific Revolution in National Context* (Cambridge: Cambridge University Press, 1992), pp. 115-149. 一篇研究尼德兰科学的优秀论文，出自一本总体而言相当有用的论文选集。

[51] Harold J. Cook, 'The Cutting Edge of a Revolution? Medicine and Natural History near the Shores of the North Sea', in J. V. Field and F. A. J. L. James (eds) *Renaissance and Revolution: Humanists, Scholars, Craftsmen and Natural Philosophers in Early Modern Europe* (Cambridge: Cambridge University Press, 1993), pp. 45-61. 论述精彩，提醒要记住非数理科学在科学革命里具有重要性。

[52] Harold J. Cook, 'Physicians and Natural History', in [175], pp. 91-105. 呼吁关注自然史在科学革命里的重要性，以及内科医生作为自然史推动者的重要性。

[53] Brian Copenhaver, 'Astrology and Magic', in C. B. Schmitt and Q. Skinner (eds) *The Cambridge History of Renaissance Philosophy* (Cambridge: Cambridge University Press, 1988), pp. 264-300. 精彩、优秀的概论。

[54] Brian Copenhaver, 'Natural Magic, Hermetism, and Occultism in Early Modern Science', in D. C. Lindberg and R. S. Westman (eds) *Reappraisals of the Scientific Revolution* (Cambridge: Cambridge University Press, 1990), pp. 261-302. 试图把法术、神秘学和赫尔墨斯主义的差别说清楚并做出解释。

[55] Brian P. Copenhaver and Charles B. Schmitt, *Renaissance Philosophy* (Oxford: Oxford University Press, 1992). 关于文艺复兴时期思想态度重大变化的有用研究。 *137*

[56] Lesley B. Cormack, 'Twisting the Lion's Tail: Practice and Theory at the Court of Henry Prince of Wales', in [214], pp. 67-83. 个案研究，清楚地呈现资助在自然哲学当中的作用。

[57] A. C. Crombie, *Robert Grosseteste and the Origins of Modern Science* (Oxford: Clarendon Press, 1953). 关于中世纪科学这位重要人物的重要研究，把实验主义的源头推

到科学革命以前。

[58] A. C. Crombie, *Augustine to Galileo*, 2 vols (London: Heinemann, 1959). 连续论的重要文献，关于科学革命初期发展的较好指南。

[59] Alfred W. Crosby, *The Measure of Reality: Quantification and Western Society, 1250-1600* (Cambridge: Cambridge University Press, 1997). 其中梳理了作者认为的西方取胜的主要原因。

[60] Michael J. Crowe, *Theories of the World from Antiquity to the Copernican Revolution* (New York: Dover, 1990). 佳作，简明扼要地论述了托勒密与哥白尼天文学的某些技术性细节。

[61] Andrew Cunningham, 'Fabricius and the "Aristotle Project" in Anatomical Teaching and Research at Padua', in A. Wear, R. K. Frennch and I. M. Lonie (eds) *The Medical Renaissance of the Sixteenth Century* (Cambridge: Cambridge University Press, 1985), pp. 195-222. 有启发性的文章，讨论哈维的亚里士多德主义背景。

[62] Andrew Cunningham, 'William Harvey: The Discovery of the Circulation of the Blood', in Roy Porter (ed.) *Man Masters Nature: 25 Centuries of Science* (London: BBC Books, 1987), pp. 65-76. 佳作，对哈维的成就做出清晰、简洁的解释。

[63] Andrew Cunningham, *The Anatomical Renaissance: The Resurrection of the Anatomical Projects of the Ancients* (Aldershot: Scolar Press, 1997). 揭示古代解剖学给文艺复兴发展带来的重要启发。

[64] Peter Dear, '*Totius in verba*: Rhetoric and Authority in the Early Royal Society', *Isis*, 76 (1985), 145-161. 清晰、简洁地呈现了方法论在实验哲学和皇家学会取得成功过程中的重要性。

[65] Peter Dear, *Mersenne and the Learning of the Schools* (Ithaca: Cornell University Press,1988). 研究科学革命中的这位重要人物, 对关于数学和实验的态度的变化做出了重要阐述。

[66] Peter Dear, 'Miracles, Experiments and the Ordinary Course of Nature', *Isis*, 81(1990), 663-683. 发人深思, 呈现了英格兰和欧陆实验方法的诸多差别。

[67] Peter Dear, 'The Church and the New Philosophy', in S. Pumfrey, P. L. Rossi and M. Slawinski (eds) *Science, Culture and Popular Belief in Renaissance Europe* (Manchester: Manchester University Press, 1991), pp. 119-139. 精彩、扼要的概述, 包含对"伽利略事件"的个案研究。

[68] Peter Dear, *Discipline and Experience: The Mathematical Way in the Scientific Revolution* (Chicago: University of

Chicago Press, 1995). 对 [65] 和 [66] 中材料与主题更加全面的重新论述。关于学术权威变化的重要论述。

138 [69] Peter Dear, *Revolutionizing the Science: European Knowledge and Its Ambitions, 1500-1700* (Basingstoke: Palgrave, 2001). 精彩地梳理了科学革命时期的发展，内容有更新，篇幅如书。

[70] Gray Deason, 'Reformation Theology and the Mechanistic Conception of Nature', in D. C. Lindberg and R. Numbers (eds) *God and Nature: Historical Essays on the Encounter between Christianity and Science* (Berkeley: University of California Press, 1986), pp. 167-191. 关于神意观念和机械论哲学的有用论述。

[71] A. G. Debus, *The English Paracelsians* (London: Oldbourne, 1965). 讲述帕拉塞尔苏斯思想在英格兰的历史，截至 1640 年。

[72] A. G. Debus, *Science and Education in the Seventeenth Century: The Webster-Ward Debate* (London: Macdonald, 1970). 介绍、重刊约翰·韦伯斯特与塞思·沃德有关英格兰大学课程的争论。

[73] A. G. Debus, *Man and Nature in the Renaissance* (Cambridge: Cambridge University Press, 1978). 概述科学革命。相比 [33]、[69]、[76]、[131]、[318] 而言，较少重视物理科学，更

加重视法术和化学观念。

[74] A. G. Debus, *The French Paracelsians: The Chemical Challenge to Medical and Scientific Tradition in Early Modern France* (Cambridge: Cambridge University Press, 1991). 基本上是关注化学在医学里的应用，却也很好地谈论了化学作为一门学科在开始时的情况。

[75] Dennis Des Chene, *Spirits and Clocks: Organism and Machine in Descartes* (Ithaca: Cornell University Press, 2001). 关于笛卡儿生物观念的优秀、有益的研究。

[76] E. J. Dijksterhuis, *The Mechanization of the World Picture* (Oxford: Oxford University Press, 1961). 关于科学革命的经典研究，聚焦于物理和数理科学。

[77] Betty Jo Teeter Dobbs, *The Foundation of Newton's Alchemy: Or, 'The Hunting of the Greene Lyon'* (Cambridge: Cambridge University Press, 1975). 关于牛顿的炼金术及其背景的精彩研究。

[78] Betty Jo Teeter Dobbs, *The Janus Faces of Genius: The Role of Alchemy in Newton's Thought* (Cambridge: Cambridge University Press, 1991). 对炼金术在牛顿思想中之作用的最新重申。比 [77] 更高明，宗教方面写得极好。

[79] William Donahue, 'Astronomy', in [231], pp. 562-595. 简洁地梳理了天文学在我们这个时期的发展，极有价值。

[80] Stillman Drake, *Galileo Studies: Personality, Tradition, and Revolution* (Ann Arbor: University of Michigan Press, 1970). 一位研究伽利略科学的重要专家的论文集。

[81] Stillman Drake, *Galileo at Work: His Scientific Biography* (Chicago: University of Chicago Press, 1978). 极其细致地梳理了伽利略的工作。

[82] J. L. E. Dreyer, *History of Astronomy from Thales to Kepler*, 2nd edn (New York: Dover, 1953). 经典研究，就其对天文学技术性细节所做的整理而言，仍然有用。

[83] William Eamon, 'Technology as Magic in the Late Middle Ages and the Renaissance', *Janus*, 70 (1983), 171-212. 有启发性的研究，关注技术在自然法术史上的作用。

[84] William Eamon, *Science and the Secrets of Nature: Books of Secrets in Medieval and Early Modern Culture* (Princeton: Princeton University Press, 1994). 关于法术传统在现代科学形成中之作用的出色研究。

139 [85] Elizabeth L. Eisenstein, *The Printing Revolution in Early Modern Europe* (Cambridge: Cambridge University Press, 1983). 这是她那记载翔实的两卷本经典著作 *The Printing Press as an Agent of Change* (1979) 的缩编本。其中对印刷在科学革命中的作用有所探讨。仍然是最有用的研究，尽管关于这个话题最近已有更多论著。

[86] Norma E. Emerton, *The Scientific Reinterpretation of Form* (Ithaca: Cornell University Press, 1984). 细致地呈现了物质理论从中世纪到 19 世纪的技术性发展。关于科学革命的论述有力。

[87] R. J. W. Evans, *Rudolf II and his World: A Study in Intellectual History, 1576-1612* (Oxford: Clarendon Press, 1973). 其中（第 6 章）关于法术传统对鲁道夫二世的重要性有精彩的梳理。

[88] R. J. W. Evans, *The Making of the Habsburg Monarchy, 1550-1700* (Oxford: Clarendon Press, 1979). 考察玄妙技艺在哈布斯堡宫廷里的重要性，直至 17 世纪末。

[89] Annibale Fantoli, *Galileo: For Copernicanism and for the Church*, translated by G. V. Coyne (Vatican City State: Vatican Observatory Publications / Notre Dame: University of Notre Dame Press, 1994). 继 [261] 之后，最全面地呈现了伽利略与教会的摩擦。

[90] Benjamin Farrington, *Francis Bacon, Philosophy of Industrial Science* (New York: Collier Books, 1961). 关于培根改革自然哲学的尝试的经典研究，非常有用。

[91] Mordechai Feingold, 'The Occult Tradition in the English Universities of the Renaissance: A Reassessment', in [304], pp. 73-94. 简明、有益的概述。

[92] Mordechai Feingold, *The Mathematician's Apprenticeship: Science, Universities and Society in England, 1560-1640* (Cambridge: Cambridge University Press, 1984). 关于现代早期牛津与剑桥自然哲学的概述，内容丰富。

[93] Rivka Feldhay, 'Religion', in [231], pp. 727-755. 简洁、专业地梳理了这一时期科学与宗教互动的主要层面。

[94] Lewis Feuer, *The Scientific Intellectual: The Psychological and Sociological Origins of Modern Science* (New York: Basic Books, 1963). 也许提供了一个遭受不公正忽略的角度，实可与"清教与科学"论题相较量。

[95] J. V. Field, *Kepler's Geometrical Cosmology* (London: Athlone, 1988). 对开普勒宇宙论的最好阐述，但没有谈《新天文学》。

[96] J. V. Field, *The Invention of Infinity: Mathematics and Art in the Renaissance* (Oxford: Oxford University Press, 1997). 关于文艺复兴时期艺术家（同时也是数学家）的精彩论述，插图精美。

[97] Paula Findlen, *Possessing Nature: Museums, Collecting and Scientific Culture in Early Modern Italy* (Berkeley: University of California Press, 1994). 一部关于自然史及相关方法论进展的历史。关于社会背景的论述有力。

[98] Paula Findlen, 'Courting Nature', in [175], pp. 57-74. 关于

宫廷对自然史的推动作用，做了有用的梳理。

[99] James E. Force, *William Whiston: Honest Newtonian* (Cambridge: Cambridge University Press, 1985). 精彩地呈现了这位重要的牛顿主义者。

[100] Daniel Fouke, 'Mechanical and "Organical" Models in Seventeenth-Century Explanations of Biological Reproduction', *Science in Context*, 3 (1989), 365-382. 有用地梳理了机械论哲学的一个争议领域。

[101] Robert G. Frank, *Harvey and the Oxford Physiologists: Scientific Ideas and Social Interaction* (Berkeley: University of California Press, 1980). 极好地研究了早期的科学合作与竞争，全面呈现了生理学的发展。 *140*

[102] Roger French, 'The Anatomical Tradition', in W. F. Bynum and Roy Porter (eds) *Companion Encyclopedia of the History of Medicine*, 2 vols (London: Routledge, 1993), I, pp. 81-101. 扼要梳理了解剖学教学。

[103] Roger French, *William Harvey's Natural Philosophy* (Cambridge: Cambridge University Press, 1995). 细致研究了哈维在方法上的发展以及他的工作在当时形成的影响。

[104] Alan Gabbey, 'Force and Inertia in the Seventeenth Century: Descartes and Newton', in [114], pp. 230-320. 有用的、凝练的研究，探讨了笛卡儿和牛顿关于"力"与"惯性"的

观念。关于笛卡儿，又可参看 [141]。

[105] Alan Gabbey, 'Newton and Natural Philosophy', in R. C. Olby, G. N. Cantor, J. R. R. Christie and M. J. S. Hodge (eds) *Companion to the History of Modern Science* (London: Routledge, 1990), pp. 243-263. 精彩、扼要地概述了牛顿及其影响。

[106] Alan Gabbey, 'Newton's *Mathematical Principles of Natural Philosophy*: A Treatise of Mechanics?', in P. Harman and A. Shapiro (eds) *The Investigation of Difficult Things: Essays on Newton and the History of the Exact Sciences* (Cambridge: Cambridge University Press, 1992), pp. 305-322. 对力学在科学革命中出现的内涵变化进行探讨。

[107] Alan Gabbey, 'Between *ars* and *philosophia naturalis*: Reflections on the Historiography of Early Modern Mechanics', in J. V. Field and F. A. J. L. James (eds) *Renaissance and Revolution: Humanists, Scholars, Craftsmen and Natural Philosophers in Early Modern Europe* (Cambridge: Cambridge University Press, 1993), pp. 133-145. 对力学在科学革命中出现的内涵变化做了扼要的探讨。

[108] Galileo Galilei, *Sidereus Nuncius, or the Sidereal Messenger*, trans. and ed. Albert Van Helden (Chicago: University of Chicago Press, 1989). 一本名著的最佳英文版本。

[109] Daniel Garber, 'Descartes' Physics', in John Cottingham (ed.) *The Cambridge Companion to Descartes* (Cambridge: Cambridge University Press, 1992), pp. 286-334. 关于笛卡儿自然哲学的相当有用的、扼要的汇编。

[110] Daniel Garber, 'Leibniz: Physics and Philosophy', in Nicholas Jolley (ed.) *The Cambridge Companion to Leibniz* (Cambridge: Cambridge University Press, 1995), pp. 270-352. 极好、扼要地论述了莱布尼茨的自然哲学。

[111] Daniel Garber, 'Physics and Foundations', in [231], pp. 21-69. 简洁、精湛地呈现了科学革命时期的重要学术进展。

[112] John Gascoigne, *Cambridge in the Age of Enlightenment: Science, Religion and Politics from the Restoration to the French Revolution* (Cambridge: Cambridge University Press, 1989). 很好地呈现了牛顿主义与英国圣公宗的"神圣同盟"。细致地研究剑桥。

[113] John Gascoigne, 'A Reappraisal of the Role of the Universities in the Scientific Revolution', in D. C. Lindberg and R. S. Westman (eds) *Reappraisals of the Scientific Revolution* (Cambridge: Cambridge University Press, 1990), pp. 207-260. 对这一有争议的领域做了精准的重新评价。

[114] Stephen Gaukroger (ed.) *Descartes: Philosophy, Mathematics and Physics* (Hassocks, Sussex: Harvester Press, 1980). 一

部文选，聚焦于作为自然哲学家的笛卡儿。

141 [115] Stephen Gaukroger, 'Descartes' Project for a Mathematical Physics', in [114], pp. 97-140. 清晰呈现了笛卡儿几何学著作的意义。

[116] Stephen Gaukroger, *Descartes: An Intellectual Biography* (Oxford: Clarendon Press, 1995). 最全面地阐述了笛卡儿的生平和著作。

[117] Stephen Gaukroger, *Francis Bacon and the Transformation of Early-Modern Philosophy* (Cambridge: Cambridge University Press, 2001). 关于培根及其影响的重要研究。

[118] Stephen Gaukroger, *Descartes' System of Natural Philosophy* (Cambridge: Cambridge University Press, 2002). 细致展现了笛卡儿的体系，通俗易懂。

[119] Neal C. Gillespie, 'Natural History, Natural Theology and Social Order: John Ray and the "Newtonian Ideology"', *Journal of the History of Biology*, 20 (1987), 1-49. 细致研究了自然史和自然神学在 17 世纪末的兴起，及其在社会与宗教领域护教学里的运用。

[120] C. C. Gillispie, *The Edge of Objectivity: An Essay in the History of Scientific Ideas* (Princeton: Princeton University Press, 1960). 经典研究。前四章论科学革命，雅致且博学。

[121] Penelope Gouk, 'The Harmonic Roots of Newtonian Science', in J. Fauvel, R. Flood, M. Shortland and R. Wilson (eds) *Let Newton Be!* (Oxford: Oxford University Press, 1988), pp. 101-126. 有趣地呈现了牛顿所做工作中一个罕有人知晓的方面。

[122] Penelope Gouk, *Music, Magic and Natural Philosophy in Seventeenth-Century England* (New Haven: Yale University Press, 1999). 对自然哲学变革过程中法术与音乐理论的互动进行展示。

[123] Edward Grant, *Much Ado About Nothing: Theories of Space and Vacuum from the Middle Ages to the Scientific Revolution* (Cambridge: Cambridge University Press, 1981). 非等闲之辈所能为，内涵丰富。

[124] Edward Grant, *The Foundations of Modern Science in the Middle Ages: Their Religious, Institutional and Intellectual Contexts* (Cambridge: Cambridge University Press, 1996). 关于中世纪科学的出色研究，展示了中世纪科学作为科学革命基础的重要性。

[125] Andrew Gregory, *Harvey's Heart: The Discovery of Blood Circulation* (Cambridge: Icon Books, 2001). 关于哈维的背景和成就的简明导论。

[126] Anita Guerrini, 'Isaac Newton, George Cheyne and the

Principia Medicinae', in Roger French and Andrew Wear (eds) *The Medical Revolution of the Seventeenth Century* (Cambridge: Cambridge University Press, 1989), pp. 222-245. 有用地阐述了牛顿对医学理论的影响。

[127] Richard W. Hadden, *On the Shoulders of Merchants: Exchange and the Mathematical Conception of Nature in Early Modern Europe* (Albany: State University of New York Press, 1994). 近年出现的有趣著作，关注"数学 – 机械论的世界图像"的资本主义起源。认为重商主义导致数学理论与实践出现变化，进而带动物理学产生新动向。

[128] Roger Hahn, *The Anatomy of a Scientific Institution: The Paris Academy of Sciences, 1666-1803* (Berkeley: University of California Press, 1971). 聚焦于科学革命以后的发展。就其所涉主题而言，仍是重要的导论。

[129] A. R. Hall, *Philosophers at War: The Quarrel between Newton and Leibniz* (Cambridge: Cambridge University Press, 1980). 最全面地呈现了有关微积分发明优先权的争论。

142   [130] A. R. Hall, 'On Whiggism', *History of Science*, 21 (1983), 45-59. 有趣地探讨了一个对科学史家来说颇为重要的历史编写问题。

[131] A. R. Hall, *The Revolution in Science, 1500-1750* (London: Longman, 1983). 关于我们这里所谈主题的精彩导论，篇

幅如书，出自著名学者之手，没有 [69] 新。

[132] A. R. Hall, *Isaac Newton, Adventurer in Thought* (Oxford: Blackwell, 1993). 一部有用的传记，按照编年顺序对牛顿的主要工作进行了很好的呈现，但没有 Westfall [319] 全面、完整。

[133] Thomas S. Hall, *History of General Physiology, 600 B. C. to A. D. 1900*, 2 vols (Chicago: University of Chicago Press, 1969). 对专业性的话题和发展做了全面、有用的梳理。

[134] Thomas L. Hankins, 'Eighteenth-Century Attempts to Resolve the *Vis viva* Controversy', *Isis*, 56 (1965), 281-297. 很好地概述了相关发展。

[135] Thomas L. Hankins, *Science and the Enlightenment* (Cambridge: Cambridge University Press, 1985). 精彩地概述了启蒙运动时期的科学，也就是紧随科学革命其后的那个时期的科学。

[136] Thomas L. Hankins and Robert J. Silverman, *Instruments and the Imagination* (Princeton: Princeton University Press, 1995). 覆盖甚广的概述，前几章对法术传统与科学仪器早期发展之间的关系进行展示。

[137] Owen Hannaway, 'Laboratory Design and the Aim of Science: Andreas Libavius versus Tycho Brahe', *Isis*, 77 (1986), 585-610. 相当细致地探究了炼金术研究当中诸多

不同的实验室构想，而这些构想源自不同的科学本质观。

[138] Deborah Harkness, 'Managing an Experimental Household: The Dees of Mortlake and the Practice of Natural Philosophy', *Isis*, 88 (1997), 247-262. 考察现代早期自然研究的家庭背景，呼吁考察围绕或参与这一研究工作的女性。

[139] Deborah Harkness, *John Dee's Conversations with Angels: Cabala, Alchemy, and the End of Nature* (Cambridge: Cambridge University Press, 1999). 对迪伊试图把天使变出来以迅速获取自然知识做了精彩的研究。作为一项长期个案研究，佐证了克拉克 [36]、[38] 的宏观分析。

[140] Peter Harrison, *The Bible, Protestantism, and the Rise of Natural Science* (Cambridge: Cambridge University Press, 1998). 重要著作，讨论新教宗教实践在看待自然世界的态度出现变化这一过程当中所起的作用。

[141] Gary Hatfield, 'Force (God) in Descartes' Physics', *Studies in History and Philosophy of Science*, 10 (1979), 113-140. 重要研究，探讨笛卡儿哲学中的"力"的本性。

[142] Gary Hatfield, 'Metaphysics and the New Science', in D. C. Lindberg and R. S. Westman (eds) *Reappraisals of the Scientific Revolution* (Cambridge: Cambridge University Press, 1990), pp. 93-166. 精彩、高深的著作，呈现了形而上学思辨（或者缺少形而上学思辨）在哥白尼、开普勒、

笛卡儿和伽利略那里所起的作用。

[143] Gary Hatfield, 'Descartes' Physiology and Its Relation to His Psychology', in John Cottingham (ed.) *The Cambridge Companion to Descartes* (Cambridge: Cambridge University Press, 1992), pp. 335-370. 有用、扼要地呈现了笛卡儿对身体及其与心灵的关系的看法。

[144] John L. Heilbron, *Electricity in the 17th and 18th Centuries: A Study in Early Modern Physics* (Berkeley: University of California Press, 1979). 关于其所谈主题的最佳论著，对物理科学的论述也大体上不错。

[145] John Henry, 'Occult Qualities and the Experimental Philo-sophy: Active Principles in pre-Newtonian Matter Theory', *History of Science*, 24 (1986), 335-381. 指出牛顿对推定的物质中"主动本原"的使用并非前无古人。

[146] John Henry, 'Magic and Science in the Sixteenth and Seventeenth Centuries', in R. C. Olby, G. N. Cantor, J. R. R. Christie and M. J. S. Hodge (eds) *Companion to the History of Modern Science* (London: Routledge, 1990), pp. 583-596. 扼要、有用地概述了法术在现代科学起源时的作用，或许有些简单化。

[147] John Henry, 'The Scientific Revolution in England', in R. Porter and M. Teich (eds) *The Scientific Revolution in*

National Context (Cambridge: Cambridge University Press, 1992), pp. 178-210. 努力厘清宗教在英格兰实验哲学形成过程中所起的作用。

[148] John Henry, *Moving Heaven and Earth: Copernicus and the Solar System* (Cambridge: Icon Books, 2001). 关于哥白尼革命的简单化论述，面向一般读者。

[149] John Henry, 'Animism and Empiricism: Copernican Physics and the Origins of William Gilbert's Experimental Method', *Journal of the History of Ideas*, 62 (2001), 1-21. 驳斥齐尔塞尔 [331] 有关吉尔伯特实验方法来源的观点，强调应将自然法术传统作为备选项。

[150] John Henry, *Knowledge is Power: Francis Bacon and the Method of Science* (Cambridge: Icon Books, 2002). 比较好读，梳理了培根对科学革命的贡献。

[151] John Henry, 'Metaphysics and the Origins of Modern Science: Descartes and the Importance of Laws of Nature', *Early Science and Medicine*, 9 (2004), 73-114. 梳理笛卡儿哲学之前关于特定自然法则起源的理论。

[152] John Henry, 'Science and the Coming of the Enlightenment', in Martin Fitzpatrick, Peter Jones, Christa Knellwolf, and Iain McCalman (eds) *The Enlightenment World* (London: Routledge, 2004), pp. 10-26. 扼要梳理了科学革命对启蒙运

动的影响。

[153] John Henry, 'The Fragmentation of the Occult and the Decline of Magic', *History of Science*, 47 (2008), 1-48. 细致梳理了法术传统的部分内容如何被用于改造自然哲学。

[154] Christopher Hill, 'William Harvey and the Idea of Monarchy', in [310], pp. 160-181. 大胆地提出政治变化对哈维心血系统观点有影响。

[155] Katherine Hill, '"Juglers or Schollers?": Negotiating the Role of a Mathematical Practitioner', *British Journal for the History of Science*, 31 (1998), 253-274. 精彩论述了数学从业者的社会身份的重要性。

[156] William L. Hine, 'Martin Mersenne: Renaissance Naturalism and Renaissance Magic', in [304], pp. 165-176. 努力区分自然主义的（诚然玄妙的）解释与据说更多地具有恶魔法术性质的解释。宜参照克拉克 [36]、[37] 和 [38]。

[157] R. Hooykaas, *Religion and the Rise of Modern Science* (Edinburgh: Scottish Academic Press, 1973). 经典研究，探讨新教神学与现代早期科学之间的关系。

[158] Toby E. Huff, *The Rise of Early Modern Science: Islam, China and the West* (Cambridge: Cambridge University Press, 1993). 雄心勃勃地解释科学兴起何以是一个西方现象。

144

[159] Michael Hunter, *Science and Society in Restoration England* (Cambridge: Cambridge University Press, 1981). 关于17世纪末英格兰科学史编写诸多重要主题的精彩导论。所做书目整理相当有用。

[160] Michael Hunter, *The Royal Society and Its Fellows, 1660-1700: The Morphology of an Early Scientific Institution* (Chalfont St Giles: British Society for the History of Science, 1982). 细致梳理了皇家学会成员们的生平。

[161] Michael Hunter, *Establishing the New Science: The Experience of the Early Royal Society* (Woodbridge, Suffolk: Boydell Press, 1989). 重要的论文优选集，涉及早期皇家学会各方面。

[162] Michael Hunter, 'Science and Heterodoxy: An Early Modern Problem Reconsidered', in D. C. Lindberg and R. S. Westman (eds) *Reappraisals of the Scientific Revolution* (Cambridge: Cambridge University Press, 1990), pp. 437-460. 精彩、扼要地呈现了17世纪英格兰对无神论的恐惧。

[163] Michael Hunter (ed.) *Robert Boyle Reconsidered* (Cambridge: Cambridge University Press, 1994). 有用的论文集，涉及波义耳著作及其影响诸多方面。

[164] Keith Hutchison, 'What Happened to Occult Qualities in the Scientific Revolution?', *Isis*, 73 (1982), 233-253. 关于

玄妙的性质的本性的修正主义文章。作为基础读物，方便理解机械论哲学以及科学革命时期法术所起的作用。

[165] Keith Hutchison, 'Towards a Political Iconology of the Copernican Revolution', in Patrick Curry (ed.) *Astrology, Science and Society* (Woodbridge, Suffolk: Boydell Press, 1987), pp. 95-141. 有趣的尝试，对接受哥白尼理论一事所具有的政治象征的力量进行展现。

[166] Carolyn Iltis, 'The Leibnizian-Newtonian Debates: Natural Philosophy and Social Psychology', *British Journal for the History of Science*, 6 (1973), 343-377. 精妙呈现了关于"活力"的争论，指出世界观的碰撞是该争论的基础。

[167] Oliver Impey and Arthur MacGregor (eds) *The Origins of Museums: The Cabinet of Curiosities in Sixteenth- and Seventeenth-Century Europe* (Oxford: Clarendon Press, 1985). 有用的论文集，探讨书名所涉及的主题。

[168] James R. Jacob and Margaret C. Jacob, 'The Anglican Origins of Modern Science: The Metaphysical Foundations of the Whig Constitution', *Isis*, 71 (1980), 251-267. 具有启发性的文章，对"清教与科学"论题做出改良。

[169] Margaret C. Jacob, *The Newtonians and the English Revolution, 1689-1720* (Ithaca: Cornell University Press/ Hassocks: Harvester Press, 1976). 探讨牛顿主义兴起的社

会和政治背景。关于波义耳讲座的最佳论著。

[170] Susan James, 'The Philosophical Innovations of Margaret Cavendish', *British Journal for the History of Philosophy*, 7 (1999), 219-244. 把卡文迪什展现为一位严肃的微粒哲学分析家，尽管当时男性轻视她。

[171] Lisa Jardine, *Ingenious Pursuits: Building the Scientific Revolution* (London: Little, Brown, 1999). 比较好读的论著，探讨科学革命后期的状况，主要围绕着一些以实用性和经济为导向的关切点，而非科学理论的发展。

[172] Lisa Jardine, *The Curious Life of Robert Hooke: The Man Who Measured London* (New York: HarperCollins, 2004). 近年关于胡克工作的重新评价。

[173] Nicholas Jardine, *The Birth of History and Philosophy of Science: Kepler's* A Defence of Tycho against Ursus *with Essays on its Provenance and Significance* (Cambridge: Cambridge University Press, 1984). 重要著作，有益于我们理解看待数学的学术权威地位的态度出现变化。

[174] Nicholas Jardine, 'Epistemology of the Sciences', in C. B. Schmitt and Q. Skinner (eds) *The Cambridge History of Renaissance Philosophy* (Cambridge: Cambridge University Press, 1988), pp. 685-711. 关于学术权威概念的高水准深度概述，然而仍便于使用。

145

[175] N. Jardine, J. A. Secord and E. C. Spary (eds) *Cultures of Natural History* (Cambridge: Cambridge University Press, 1996). 内有数篇文章探讨我们这个时期的自然史。

[176] Thomas Harmon Jobe, 'The Devil in Restoration Science: The Glanvill-Webster Witchcraft Debate', *Isis*, 72 (1981), 343-356. 精妙的个案研究，展示了实验主义和机械论哲学能够怎样用于支持对恶魔学的信念。

[177] Adrian Johns, *The Nature of the Book: Print and Knowledge in the Making* (Chicago: University of Chicago Press, 1998). 关于印刷术在科学革命中之影响的重要概述。

[178] Nicholas Jolley, 'The Reception of Descartes' Philosophy', in John Cottingham (ed.) *The Cambridge Companion to Descartes* (Cambridge: Cambridge University Press, 1992), pp. 393-423. 扼要、有用的概述。

[179] Lynn Sumida Joy, *Gassendi the Atomist: Advocate of History in an Age of Science* (Cambridge: Cambridge University Press, 1987). 专论伽桑狄为复兴伊壁鸠鲁哲学而做出的历史贡献。

[180] Lynn Joy, 'Scientific Explanation from Formal Causes to Laws of Nature', in [231], pp. 70-105. 简要概述了物理学解释方面相关观念的一项重要变化。

[181] A. G. Keller, 'Mathematicians, Mechanics and Experimental

Machines in Northern Italy in the Sixteenth Century', in M. P. Crosland (ed.) *The Emergence of Science in Western Europe* (London: Macmillan, 1975), pp. 15-34. 指出数学家在文艺复兴晚期又掀开新篇章。

[182] Evelyn Fox Keller, *Reflections on Gender and Science* (New Haven: Yale University Press, 1985). 第2章和第3章指出，科学革命隐含着一种性别意识形态。

[183] Eugene M. Klaaren, *Religious Origins of Modern Science: Belief in Creation in Seventeenth-Century Thought* (Grand Rapids, MI: William B. Eerdmans, 1977). 论波义耳与赫尔蒙特的部分尤其精彩。

[184] Alexandre Koyré, *From the Closed World to the Infinite Universe* (Baltimore: Johns Hopkins University Press, 1957). 关于空间和宇宙新理论的经典研究。

[185] Alexandre Koyré, *The Astronomical Revolution: Copernicus, Kepler, Borelli*, trans. R. E. W. Maddison (London: Methuen, 1973). 细致的专业论著，材料也精当，作者是科学史缔造者。

[186] Thomas S. Kuhn, *The Copernican Revolution: Planetary Astronomy in the Development of Western Thought* (Cambridge, MA: Harvard University Press, 1957). 关于哥白尼的革新的经典研究著作。

[187] Thomas S. Kuhn, *The Structure of Scientific Revolutions* *146*
(Chicago: University of Chicago Press, 1962). 关于科学变革的性质的理论有很大的影响力。该理论开始的时候是一种史学论断，对哲学的立论进行抨击，但随后它也被视作一种哲学立论。

[188] Thomas S. Kuhn, 'Mathematical versus Experimental Traditions in the Development of Physical Science', in idem, *The Essential Tension*: *Selected Studies in Scientific Tradition and Change* (Chicago: University of Chicago Press, 1977), pp. 31-65. 具有启发性的文章，指出要想最确切地理解科学革命，就要把"古典物理科学"（借助数学分析）同后来出现的那些培根式的（经验性的）科学区别开来。

[189] Sachiko Kusukowa, *The Transformation of Natural Philosophy*: *The Case of Philip Melanchthon* (Cambridge: Cambridge University Press, 1995). 重要研究，探讨了自然哲学在跟进这位路德宗重要学者的教育改革后出现的变化。

[190] W. R. Laird, 'Patronage of Mechanics and Theories of Impact in Sixteenth-Century Italy', in [214], pp. 51-66. 对资助者的兴趣怎样推动碰撞理论（这对机械论哲学来说是很重要的）进入传统力学进行展示。

[191] James M. Lattis, *Between Copernicus and Galileo: Christoph Clavius and the Collapse of Ptolemaic Cosmology* (Chicago:

University of Chicago Press, 1994). 关于一位重要的耶稣会自然哲学家的重要论著。

[192] David Lindberg, *The Beginnings of Western Science: The European Scientific Tradition in Philosophical, Religious, and Institutional Context, 600 B. C. to A. D. 1450* (Chicago: University of Chicago Press, 1992). 关于古代和中世纪科学的精彩导论。

[193] Arthur O. Lovejoy, *The Great Chain of Being: A Study of the History of an Idea* (New York: Harper & Row, 1960). 关于唯理智论神学的经典论著。

[194] David S. Lux, *Patronage and Royal Science in Seventeenth-Century France: The Académie de Physique in Caen* (Ithaca, Cornell University Press, 1989). 富有启发性，呈现了一个少有人知的早期科学机构。

[195] David S. Lux and Harold J. Cook, 'Closed Circles or Open Networks? Communicating at a Distance during the Scientific Revolution', *History of Science*, 36 (1998), 179-211. 对现代早期欧洲通信网络及其问题做了有用的考察。

[196] Peter Machamer (ed.) *The Cambridge Companion to Galileo* (Cambridge: Cambridge University Press, 1998). 剑桥又一部极其有用的论文集。

[197] Michel Malherbe, 'Bacon's Method of Science', in [233],

pp. 75-98. 简明论述了培根的科学方法观。

[198] Paolo Mancosu, 'Acoustics and Optics', in [231], pp. 596-631. 对这两个专业领域的有用概述。

[199] Rhonda Martens, *Kepler's Philosophy and the New Astronomy* (Princeton: Princeton University Press, 2000). 富有意义的论著, 研究开普勒如何把从前相互分开的自然哲学和天文学结合到一起。

[200] Julian Martin, *Francis Bacon, the State, and the Reform of Natural Philosophy* (Cambridge: Cambridge University Press, 1992). 关于培根哲学改革的最佳论著。指出要理解培根的旨趣和方法, 须留意他的政治生涯。

[201] Otto Mayr, *Authority, Liberty and Automatic Machinery in Early Modern Europe* (Baltimore: Johns Hopkins University Press, 1986). 极好地论述了意识形态对技术发展的影响。

[202] James E. McClellan III, *Science Reorganized: Scientific Societies in the Eighteenth Century* (New York: Columbia University Press, 1985). 最好、最全面的关于科学革命时期及其之后的科学团体的概述。

[203] Charles J. McCracken, *Malebranche and British Philosophy* (Oxford: Clarendon Press, 1983). 关于马勒伯朗士及其影响的最佳著作。

[204] J. E. McGuire and P. M. Rattansi, 'Newton and the "Pipes of Pan"', *Notes and Records of the Royal Society of London*, 21 (1966), 108-143. 精妙、重要的论文，研究牛顿对新柏拉图主义、毕达哥拉斯主义传统的古代智慧的信奉。

[205] Ernan McMullin (ed.) *The Church and Galileo* (Indiana: University of Notre Dame Press, 2005). 精彩的论文集，涉及伽利略事件的诸多侧面。

[206] Christoph Meinel, 'Early Seventeenth-Century Atomism: Theory, Epistemology, and the Insufficiency of Experiment', *Isis*, 79 (1988), 68-103. 关于原子论复兴早期发展的有用论述。

[207] Everett Mendelsohn, *Heat and Life: The Development of the Theory of Animal Heat* (Cambridge, MA: Harvard University Press, 1964). 很好地梳理了生命科学的一个主要方面。

[208] J. Andrew Mendelsohn, 'Alchemy and Politics in England, 1649-1665', *Past and Present*, 135 (1992), 30-78. 梳理炼金术的政治和修辞用途，指出炼金术与激进的宗教、政治观点之间并没有所谓固有的亲缘关系。

[209] Carolyn Merchant, *The Death of Nature: Women, Ecology and the Scientific Revolution* (San Francisco: Harper & Row, 1980). 对科学革命所做的最好的女性主义分析。对

新哲学的社会背景做出具有启发性的分析。

[210] Robert K. Merton, *Science, Technology and Society in Seventeenth-Century England* (New York: Howard Fertig, 1970). 最初出版于 1938 年，提出默顿论题，即"清教与科学"论题的重要表达形式。

[211] W. E. K. Middleton, *The Experimenters: A Study of the Accademia del Cimento* (Baltimore: Johns Hopkins University Press, 1971). 研究一个最早期的科学团体。

[212] Ron Millen, 'The Manifestation of Occult Qualities in the Scientific Revolution', in M. J. Osler and P. L. Farber (eds) *Religion, Science and Worldview: Essays in Honor of Richard S. Westfall* (Cambridge: Cambridge University Press, 1985), pp. 185-216. 它是对 [164] 的有益补充，增添了一些精妙的材料。

[213] Bruce T. Moran, *The Alchemical World of the German Court: Occult Philosophy and Chemical Medicine in the Circle of Moritz of Hessen* (Stuttgart: Franz Steiner Verlag, 1991). 细致的个案研究，探讨法术世界观在欧洲宫廷里所起的作用。

[214] Bruce T. Moran (ed.) *Patronage and Institutions: Science, Technology and Medicine at the European Court, 1500-1750* (Woodbridge, Suffolk: Boydell Press, 1991). 关于科

学与资助者议题的精彩论文集，水平整齐。

[215] Bruce T. Moran, 'Patronage and Institutions: Courts, Universities, and Academies in Germany; an Overview 1550-1750', in [214], pp. 169-184. 有用地梳理了自然哲学家们的各种机遇。

[216] Bruce T. Moran, *Distilling Knowledge: Alchemy, Chemistry, and the Scientific Revolution* (Cambridge, MA: Harvard University Press, 2005). 出色的导论性教材，梳理并证实了炼金术在科学革命中的重要性。

[217] Lotte Mulligan, 'Civil War Politics, Religion and the Royal Society', in [310], pp. 317-339. 批判"清教与科学"论题，指出圣公会保王党绅士也对科学有兴趣。

[218] Lotte Mulligan, 'Puritans and English Science: A Critique of Webster', *Isis*, 71 (1980), 457-469. 它是 [217] 的续篇，指出非清教徒也普遍地具有所谓的清教徒特征。

[219] Katherine Neal, 'The Rhetoric of Utility: Avoiding Occult Associations for Mathematics through Profitability and Pleasure', *History of Science*, 37 (1999), 151-178. 有价值地描绘了数学家们怎样努力将其技艺与法术分开。

[220] William R. Newman, 'Boyle's Debt to Corpuscular Alchemy', in [163], pp. 107-118. 简洁地论述了一个罕为人知的炼金术传统以及波义耳对它的运用。

148

[221] William R. Newman, *Atoms and Alchemy: Chymistry and the Experimental Origins of the Scientific Revolution* (Chicago: University of Chicago Press, 2006). 高水准的著作, 论证清晰, 探讨炼金术实践怎样塑造机械论哲学。一部重要的修正主义论著。

[222] Carmen Niekrasz and Claudia Swan, 'Art', in [231], pp. 773-796. 有用地展示了图像在科学著作中的各种用途, 以及艺术与科学在这个时期的关系。

[223] David F. Noble, *A World Without Women: The Christian Clerical Culture of Western Science* (New York: Knopf, 1992). 很好读, 呈现了自然哲学的体制基础, 及其在科学性别化中的作用。

[224] Francis Oakley, *Omnipotence, Covenant and Order: An Essay in the History of Ideas from Abelard to Leibniz* (Ithaca: Cornell University Press, 1984). 关于神意理论的优秀论著。它是对 [193] 的补充, 探讨波义耳和莱布尼茨。

[225] Richard Olson, *Science Deified and Science Defied: The Historical Significance of Science in Western Culture,* vol. 2 (Berkeley: University of California Press, 1991). 有用地梳理了科学对更广阔文化形成影响的一些方式。

[226] Martha Ornstein, *The Rôle of Scientific Societies in the Seventeenth Century,* 3rd edn (Chicago: University of

Chicago Press, 1938). 一部关于那些最著名科学团体的导论，已过时，但仍然有用。

[227] Margaret J. Osler, *Divine Will and the Mechanical Philosophy: Gassendi and Descartes on Necessity and Contingency in the Created World* (Cambridge: Cambridge University Press, 1994). 展示神学观点在现代早期科学的方法论发展过程中所起的重要作用。

[228] Walter Pagel, *William Harvey's Biological Ideas* (Basel: Karger, 1967). 经典论著，研究哈维的亚里士多德主义以及哈维所做工作的背景的其他方面。

[229] Walter Pagel, *Joan Baptista van Helmont: Reformer of Science and Medicine* (Cambridge: Cambridge University Press, 1982). 关于赫尔蒙特及其工作的最全面概述。

[230] L. C. Palm and H. A. M. Snelders (eds) *Antoni van leeuwenhoek, 1632-1723* (Amsterdam: Rodopi, 1982). 关于这位重要显微镜专家的论文集。

[231] Katharine Park and Lorraine Daston (eds) *The Cambridge History of Modern Science.* Vol. 3*: Early Modern Science* (Cambridge: Cambridge University Press, 2006). 这套无价之宝的精彩分册。近乎全面地梳理了对科学革命的历史编写。

149 [232] Olaf Pedersen, *Early Physics and Astronomy: A Historical*

Introduction, 2nd edn (Cambridge: Cambridge University Press, 1993). 关于天文学革命的技术层面及其背景的简明导读。

[233] Markku Peltonen (ed.) *The Cambridge Companion to Bacon* (Cambridge: Cambridge University Press, 1996). 论文集，合乎剑桥这套丛书的可靠高标准。

[234] Antonio Pérez-Ramos, 'Bacon's Legacy', in [233], pp. 311-334. 扼要呈现了培根的影响。

[235] Peter Pesic, 'Wrestling with Proteus: Francis Bacon and the "Torture" of Nature', *Isis*, 90 (1999), 81-94. 探讨培根有关为查清真理而"折磨"的观点。

[236] Richard H. Popkin, 'Newton's Biblical Theology and his Theological Physics', in P. B. Scheurer and B. Debrock (eds) *Newton's Scientific and Philosophical Legacy* (Dordrecht: Kluwer Academic, 1988), pp. 81-97. 强调牛顿自然哲学的宗教意义和用处。

[237] Roy Porter, 'The Scientific Revolution: A Spoke in the Wheel?', in R. Porter and M. Teich (eds) *Revolution in History* (Cambridge: Cambridge University Press, 1986), pp. 290-316. 简洁地探讨了史学家们的科学革命概念。

[238] Lawrence Principe, 'Boyle's Alchemical Pursuits', in [163], pp. 91-105. 有用、扼要的概述。

[239] Lawrence M. Principe, *The Aspiring Adept: Robert Boyle and his Alchemical Quest* (Princeton: Princeton University Press, 1998). 引人入胜，关于波义耳炼金术兴趣的最完整可靠的论著。

[240] Stephen Pumfrey, *Latitude and the Magnetic Earth* (Cambridge: Icon Books, 2003). 研究吉尔伯特和磁哲学的佳作。

[241] Stephen Pumfrey and Frances Dawbarn, 'Science and Patronage in England, 1570-1625: A Preliminary Study', *History of Science*, 42 (2004), 137-188. 关于资助体系整体情形的概述，覆盖甚广，非仅限于英格兰。

[242] Lewis Pyenson and Susan Sheets-Pyenson, *Servants of Nature: A History of Scientific Institutions, Enterprises and Sensibilities* (London: Fontana, 1999). 所覆盖的时期比我们这个时期要长，但对科学革命时期科学知识的社会背景的主要方面也进行了导论性的呈现。

[243] Andrew Pyle, 'Animal Generation and the Mechanical Philosophy: Some Light on the Role of Biology in the Scientific Revolution', *History and Philosophy of the Life Sciences*, 9 (1987), 225-254. 指出生物医学科学对于机械论哲学的形成具有重要作用。

[244] John H. Randall, 'The Development of the Scientific Method in the School of Padua', *Journal of the History of Ideas*, 1

(1940), 177-206. 研究亚里士多德主义在帕多瓦的繁荣。连续论的重要表述。

[245] P. M. Rattansi, 'Paracelsus and the Puritan Revolution', *Ambix*, 11 (1963), 24-32. 简洁地呈现了英格兰空位时期政治激进主义与帕拉塞尔苏斯主义之间的联系。

[246] C. E. Raven, *John Ray, Naturalist: His Life and Works* (Cambridge: Cambridge University Press, 1942). 关于这位重要自然学家的经典研究著作。

[247] Graham Rees, 'Francis Bacon's Semi-Paracelsian Cosmology', *Ambix*, 22 (1975), 81-101. 对培根古怪的自然哲学的重要重构。

[248] Graham Rees, 'Bacon's Speculative Philosophy', in [233], pp. 121-145. 这位作者关于重构培根隐秘信念的最新想法。 *150*

[249] Peter Hanns Reill, 'The Legacy of the "Scientific Revolution": Science and the Enlightenment', in Roy Porter (ed.) *The Cambridge History of Modern Science.* Vol 4: *Eighteenth Century Science* (Cambridge: Cambridge University Press, 2006), pp. 23-43. 很好地呈现了科学革命对启蒙时代气质的影响。

[250] Vasco Ronchi, *The Nature of Light: A Historical Survey* (London: Heinemann, 1970). 自古希腊至 19 世纪的光与光学的理论史。主要聚焦于科学革命时期的发展。

[251] Hugh Trevor Roper, 'The Paracelsian Movement', in idem, *Renaissance Essays* (London: Secker & Warburg, 1985), pp. 149-199. 关于帕拉塞尔苏斯主义在欧洲范围内流传的社会政治背景的最好梳理。

[252] G. MacDonald Ross, *Leibniz* (Past Masters, Oxford: Oxford University Press, 1984). 对莱布尼茨工作的主要方面做了精彩的梳理。也许略显浓缩。

[253] Paolo Rossi, *Francis Bacon: From Magic to Science* (London: Routledge & Kegan Paul, 1968). 细致地探讨培根知识改革论的可能来源。

[254] Paolo Rossi, *Philosophy, Technology and the Arts in the Early Modern Era* (New York: Harper & Row, 1970). 关于工艺知识在科学革命中所起作用的重要论述。

[255] Paolo Rossi, 'Bacon's Idea of Science', in [233], pp. 25-46. 高超地概括了培根的自然知识改革观。

[256] M. J. S. Rudwick, *The Meaning of Fossils: Episodes in the History of Palaeontology* (Chicago: University of Chicago Press, 1972). 前两章详谈我们这个时期自然史的历史。

[257] Edward G. Ruestow, 'Piety and the Defense of the Natural Order: Swammerdam on Generation', in M. J. Oster and P. L. Farber (eds) *Religion, Science and Worldview: Essays in Honor of Richard S. Westfall* (Cambridge: Cambridge

University Press, 1985), pp. 217-239. 关于科学与宗教之关联的个案研究。关于这位重要自然哲学家的有用研究。

[258] Edward G. Ruestow, *The Microscope in the Dutch Republic: The Shaping of Discovery* (Cambridge: Cambridge University Press, 1996). 关于斯瓦默丹、列文虎克、显微技术和生殖理论的精彩研究。

[259] A. I. Sabra, *Theories of Light from Descartes to Newton* (Cambridge: Cambridge University Press, 1981). 关于光学技术发展的重要论述。

[260] Danton B. Sailor, 'Moses and Atomism', *Journal of the History of Ideas*, 25 (1964), 3-16. 精妙地呈现了原子论如何赢得宗教方面更多认可。

[261] Georgio de Santillana, *The Crime of Galileo* (Chicago: University of Chicago Press, 1955). 内容丰富，全面地呈现了"伽利略事件"。强调阴谋元素，可对照 [89]。

[262] Lisa T. Sarasohn, 'A Science Turned Upside Down: Feminism and the Natural Philosophy of Margaret Cavendish', *Huntington Library Quarterly*, 47 (1984), 289-307. 佳作，扼要呈现了卡文迪什的工作及其女性主义内涵。

[263] Rose-Mary Sargent, *The Diffident Naturalist: Robert Boyle and the Philosophy of Experiment* (Chicago: University of Chicago Press, 1995). 精彩地论述了波义耳的方法论，篇

幅如书。

151 [264] Jonathan Sawday, *The Body Emblazoned: Dissection and the Human Body in Renaissance Culture* (London: Routledge, 1995). 激动人心的也许还具有轰动效应的研究，关注文艺复兴时期解剖的公开演示。

[265] Simon Schaffer, 'Godly Men and Mechanical Philosophers: Souls and Spirits in Restoration Natural Philosophy', *Science in Context*, 1 (1987), 55-86. 指出机械论哲学当时被用于确立、定义非物质的灵魂、精灵国度。

[266] Simon Schaffer, 'Newtonianism', in R. C. Olby, G. N. Cantor, J. R. R. Christie and M. J. S. Hodge (eds) *Companion to the History of Modern Science* (London: Routledge, 1990), pp. 610-626. 关于牛顿在18世纪和19世纪影响的有用指南。

[267] Londa Schiebinger, *The Mind has No Sex? Women in the Origins of Modern Science* (Cambridge, MA: Harvard University Press, 1989). 研究现代早期科学对女性的排斥。

[268] Charles B. Schmitt, 'Science in the Italian Universities in the Sixteenth and Early Seventeenth Centuries', in M. Crosland (ed.) *The Emergence of Science in Western Europe* (London: Macmillan, 1975), pp. 35-56. 运用意大利语材料，指出不可忽视大学在科学革命中的作用。

[269] Charles B. Schmitt, *Aristotle in the Renaissance* (Cambridge,

MA: Harvard University Press, 1983). 对仍然活跃在现代早期的亚里士多德主义诸多变体形式的重要概述。

[270] Charles B. Schmitt, 'The Rise of the Philosophical Textbook', in C. B. Schmitt, Q. Skinner, E. Kessler and J. Kraye (eds) *The Cambridge History of Renaissance Philosophy* (Cambridge: Cambridge University Press, 1988), pp. 792-804. 扼要、精妙地论述了一个绝非无足轻重的话题。

[271] John A. Schuster, 'The Scientific Revolution', in R. C. Olby, G. N. Cantor, J. R. R. Christie and M. J. S. Hodge (eds) *Companion to the History of Modern Science* (London: Routledge, 1990), pp. 217-242. 对我们这一主题做了精彩的简要论述，在史料方面和历史编写方面都很缜密。

[272] Michael Segre, *In the Wake of Galileo* (New Brunswick: Rutgers University Press, 1991). 研究伽利略在意大利的直接追随者。

[273] Steven Shapin, 'Social Uses of Science', in G. Rousseau and R. Porter (eds) *The Ferment of Knowledge* (Cambridge: Cambridge University Press, 1980), pp. 93-139. 一篇将知识社会学应用于历史编写的宣言。

[274] Steven Shapin, 'Of Gods and Kings: Natural Philosophy and Politics in the Leibniz-Clarke Disputes', *Isis*, 72 (1981), 187-215. 指出必须认识到政治在牛顿与莱布尼茨进行学

术较量过程中所起的作用。

[275] Steven Shapin, 'The House of Experiment in Seventeenth-Century England', *Isis*, 79 (1988), 373-404. 扼要论述了 [278] 中所谈的某些主题。对如何利用操作实验的地点与处境来捍卫实验方法的合法性进行展示。

[276] Steven Shapin, 'Who was Robert Hooke?', in M. Hunter and S. Schaffer (eds) *Robert Hooke: New Studies* (Woodbridge, Suffolk: Boydell Press, 1989), pp. 253-285. 论证指出你是什么人与你的科学工作怎样被看待之间有关联。

[277] Steven Shapin, 'Discipline and Bounding: The History and Sociology of Science as Seen through the Externalism-Internalism Debate', *History of Science*, 30 (1992), 333-369. 梳理了科学史编写中外在论与内在论之争的历史，有力地呼吁采取一种知识的历史社会学的路径。

[278] Steven Shapin, *A Social History of Truth: Civility and Science in Seventeenth Century England* (Chicago: Chicago University Press, 1994). 精妙地论述了信任在科学知识中的作用。

[279] Steven Shapin and Simon Schaffer, *Leviathan and the Air-Pump: Hobbes, Boyle and the Experimental Life* (Princeton: Princeton University Press, 1985). 关于霍布斯与波义耳之间争论的重要研究。关于科学本性、实验方法和学科分类的分析颇有趣。

152

[280] Barbara J. Shapiro, 'Latitudinarianism and Science in Seventeenth-Century England', in [310], pp. 286-316. 影响很大的论述，可作为取代"清教与科学"论题的重要备选项。

[281] Barbara J. Shapiro, *Probability and Certainty in Seventeenth-Century England: A Study of the Relationships between Natural Science, Religion, History, Law and Literature* (Princeton: Princeton University Press, 1983). 内容丰富，雄心勃勃地梳理了其所谈的话题。

[282] Michael Sharratt, *Galileo, Decisive Innovator* (Oxford: Blackwell, 1994). 精当地呈现了伽利略生平和工作的所有主要方面。

[283] William R. Shea, *Galileo's Intellectual Revolution* (London: Macmillan, 1972). 佳作，扼要呈现了伽利略科学方法的发展。

[284] William R. Shea, 'Galileo and the Church', in D. C. Lindberg and R. Numbers (eds) *God and Nature: Historical Essays on the Encounter between Christianity and Science* (Berkeley: University of California Press, 1986), pp. 114-135. 简洁呈现了这一复杂事件。

[285] William R. Shea, *The Magic of Numbers and Motion: The Scientific Career of René Descartes* (Canton, MA: Science

History Publications, 1991). 极其有用地梳理了笛卡儿对科学史的贡献，但也许忽视了笛卡儿工作的形而上学维度。

[286] Phillip R. Sloan, 'Natural History, 1670-1802', in R. C. Olby, G. N. Cantor, J. R. R. Christie and M. J. S. Hodge (eds) *Companion to the History of Modern Science* (London: Routledge, 1990), pp. 295-313. 题目明确，却也有简明的导论性材料谈及文艺复兴。

[287] Pamela H. Smith, *The Body of The Artisan: Art and Experience in the Scientific Revolution* (Chicago: University of Chicago Press, 2004). 对"学者与工匠"论题的最新重申，内有诸多精美插图。

[288] Bruce Stephenson, *Kepler's Physical Astronomy* (Princeton: Princeton University Press, 1994). 有力陈述了物理学思辨在开普勒天文学中的作用。

[289] Bruce Stephenson, *The Music of the Heavens: Kepler's Harmonic Astronomy* (Princeton: Princeton University Press, 1994). 研究天界和声理论以及开普勒对它们的使用。

[290] Larry Stewart, *The Rise of Public Science: Rhetoric, Technology, and Natural Philosophy in Newtonian Britain, 1660-1750* (Cambridge: Cambridge University Press, 1992). 相当细致地分析了牛顿主义兴起的宗教方面、商业方面。

[291] Alice Stroup, *A Company of Scientists: Botany, Patronage,*

and Community at the Seventeenth-Century Parisian Royal Academy of Sciences (Berkeley: University of California Press, 1990). 关于法兰西科学院和 17 世纪植物学的有用研究。

[292] Noel Swerdlow, 'Galileo's Discoveries with the Telescope and their Evidence for the Copernican Theory', in [196], pp. 244-270. 极好地概括了伽利略用望远镜观察天象的意义。 *153*

[293] Mary Terrall, 'Émilie du Châtelet and the Gendering of Science', History of Science, 33 (1995), 283-310. 呈现该时期女性在科学领域内面临的困难，具有启发性。

[294] Jim Tester, A History of Western Astrology (Woodbridge, Suffolk: Boydell Press, 1987). 对占星术及其意义做了精彩的历史考察。

[295] Victor E. Thoren, Tycho Brahe: The Lord of Uraniborg (Cambridge: Cambridge University Press, 1990). 这位极其重要人物的最新学术传记。

[296] Lynn Thorndike, A History of Magic and Experimental Science, 8 vols (New York: Columbia University Press, 1922-1958). 里程碑式著作，梳理了实验主义与法术之间的关联。

[297] E. M. W. Tillyard, The Elizabethan World Picture (London: Chatto & Windus, 1943). 经典论著，考察伊丽莎白时代宇

宙的不同层面相互间的感应。

[298] Nancy Tuana, *The Less Noble Sex: Scientific, Religious, and Philosophical Conceptions of Woman's Nature* (Bloomington: Indiana University Press, 1993). 覆盖其广，梳理了关于女人本性的理论。

[299] Nicholas Tyacke, 'Science and Religion at Oxford before the Civil War', in D. H. Pennington and K. Thomas (eds) *Puritans and Revolutionaries: Essays in Seventeenth-Century History Presented to Christopher Hill* (Oxford: Clarendon Press, 1978), pp. 73-93. 抨击"清教与科学"论题，指出英国圣公会高派与科学之间有关联。

[300] Ezio Vailati, *Leibniz and Clarke: A Study of their Corres-pondence* (Oxford: Oxford University Press, 1997). 清晰地分析了莱布尼茨与克拉克（因此还有牛顿）在神意本质、灵魂、自然、空间、时间和力等方面的重要差别。所做工作主要是哲学分析而非历史语境化。参看 [4]、[274]。

[301] Albert Van Helden, 'The Birth of the Modern Scientific Instrument', in John G. Burke (ed.) *The Uses of Science in the Age of Newton* (Berkeley: University of California Press, 1983), pp. 49-84. 关于科学仪器意义的有用文章。

[302] Albert Van Helden, 'Telescopes and Authority form Galileo to Cassini', *Osiris*, 9 (1994), 9-29. 指出望远镜观察的有效

性和可靠性有待确立，展示这一新仪器的早期拥护者所
面临的难处。

[303] Andrew G. Van Melsen, *From Atomos to Atom: The History of the Concept Atom* (New York: Harper & Brothers, 1960). 对原子论哲学的有用概述，也涉及原子论哲学在现代早期的复兴。

[304] Brian Vickers (ed.) *Occult and Scientific Mentalities in the Renaissance* (Cambridge: Cambridge University Press, 1984). 一部必不可少的选集，讨论法术在现代科学起源时的作用。

[305] Brian Vickers, 'Analogy versus Identity: The Rejection of Occult Symbolism, 1580-1650', in [304], pp. 95-163. 展示了神秘学有关象征符号用处与本性的假设怎样被以观察和经验为基础的新分类法代替。

[306] William A. Wallace, *Galileo and His Sources: The Heritage of the Collegio Romano in Galileo's Science* (Princeton: Princeton University Press, 1984). 指出罗马学院的耶稣会士对伽利略早年生涯形成影响。

[307] Deborah Warner, 'Terrestrial Magnetism: For the Glory of God and the Benefit of Mankind', *Osiris*, 9 (1994), 67-84. 展示在地磁学和磁仪器发展过程中自然哲学旨趣与更实用旨趣之间的相互影响。

154

[308] Andrew Wear, 'William Harvey and the "Way of the Anatomists"', *History of Science*, 21 (1983), 223-249. 探讨哈维的方法。

[309] Andrew Wear, 'The Heart and Blood from Vesalius to Harvey', in R. C. Olby, G. N. Cantor, J. R. R. Christie and M. J. S. Hodge (eds) *Companion to the History of Modern Science* (London: Routledge, 1990), pp. 568-582. 有用、扼要的概述。

[310] Charles Webster (ed.) *Intellectual Revolution of the Seventeenth Century* (London: Routledge & Kegan Paul, 1974). 汇编一组重要文章，涉及"清教与科学"论题正反双方。

[311] Charles Webster, *The Great Instauration: Science, Medicine and Reform 1626-1660* (London: Duckworth, 1975). 关于英格兰空位时期科学的权威概述，主要探讨"清教与科学"论题。

[312] Charles Webster, 'Alchemical and Paracelsian Medicine', in idem (ed.) *Health, Medicine and Mortality in the Sixteenth Century* (Cambridge: Cambridge University Press, 1979), pp. 301-334. 有用、扼要的概述。

[313] Charles Webster, *From Paracelsus to Newton: Magic and the Making of Modern Science* (Cambridge: Cambridge

University Press, 1982). 对占星术、自然法术和巫术在科学革命中的地位做了扼要、高度浓缩的梳理。

[314] Charles Webster, 'Puritanism, Separatism and Science', in D. C. Lindberg and R. Number (eds) *God and Nature: Historical Essays on the Encounter between Christianity and Science* (Berkeley: University of California Press, 1986), pp. 192-217. 扼要地重申 [311] 结语部分所表述的观点。

[315] Charles Webster, 'Paracelsus: Medicine as Popular Protest', in O. P. Grell and A. Cunningham (eds) *Medicine and the Reformation* (London: Routledge, 1993), pp. 57-77. 指出帕拉塞尔苏斯的医学理论与其改革性的宗教观之间有密切关联。

[316] R. S. Westfall, *Force in Newton's Physics: The Science of Dynamics in the Seventeenth Century* (History of Science Library, London: Macdonald, 1971). 副标题点明了这本书的范围。便于使用的单卷本，梳理了这一极其重要却又复杂的话题。

[317] R. S. Westfall, *Science and Religion in Seventeenth-Century England* (Ann Arbor, MI: University of Michigan Press, 1973). 全面梳理了英格兰的自然神学。

[318] R. S. Westfall, *The Construction of Modern Science: Mecha-*

nisms and Mechanics (Cambridge: Cambridge University Press, 1977). 对科学革命进行梳理，专注于机械论哲学的发展。

[319] R. S. Westfall, *Never at Rest: A Biography of Isaac Newton* (Cambridge: Cambridge University Press, 1980). 一部极好的传记，对牛顿的工作做出精彩呈现。

[320] R. S. Westfall, 'Newton and Alchemy', in [304], pp. 315-335. 言简意赅地指出牛顿的"力"概念来自炼金术。

[321] Robert S. Westman, 'The Astronomer's Role in the Sixteenth Century: A Preliminary Survey', *History of Science*, 18 (1980), 105-147. 对16世纪有关天文学家与自然哲学家学术权威地位的争论做出了重要研究。关于学科分类的论述也颇有趣。

[322] Robert S. Westman, 'The Copernicans and the Churches', in D. C. Lindberg and R. Number (eds) *God and Nature: Historical Essays on the Encounter between Christianity and Science* (Berkeley: University of California Press, 1986), pp. 76-113. 精彩、扼要地梳理了宗教方面对哥白尼的反应。

[323] Katie Whitaker, 'The Culture of Curiosity', in [175], pp. 75-90. 梳理新出现的对自然史的兴趣，重点谈大自然的奇妙事物与古怪事物。

[324] G. Whitteridge, *William Harvey and the Circulation of the*

Blood (London: Macdonald, 1971). 细致研究了哈维血液循环理论的提出背景与发展。可结合 [228] 阅读。

[325] Catherine Wilson, *The Invisible World: Early Modern Philosophy and the Invention of the Microscope* (Princeton: Princeton University Press, 1995). 精彩地梳理了早期显微技术及其对自然哲学的影响。

[326] David E. Wolfe, 'Sydenham and Locke on the Limits of Anatomy', *Bulletin of the History of Medicine*, 35 (1961), 193-200. 描述并解释把显微镜运用于自然哲学领域时遭遇的阻碍。

[327] Paul B. Wood, 'Methodology and Apologetics: Thomas Sprat's History of the Royal Society', *British Journal for the History of Science*, 13 (1980), 1-26. 研究了宗教背景对于理解皇家学会自我标榜的方法论所具有的意义。

[328] Joella G. Yoder, *Unrolling Time: Christian Huygens and the Mathematization of Nature* (Cambridge: Cambridge University Press, 1988). 关于这位重要人物的重要研究著作。关于数学物理学发展的重要个案研究。

[329] Perez Zagorin, *Francis Bacon* (Princeton: Princeton University Press, 1998). 对培根改革自然哲学的志向做了简明、精彩的导读。

[330] Peter Zetterberg, 'The Mistaking of "the Mathematics" for

Magic in Tudor and Stuart England', *Sixteenth Century Journal*, 11 (1980), 83-97. 题目不太恰当，却对现代早期认为数学是法术技艺一部分的信念做出了有用、扼要的概述。若认为那些信念是"错误"的，则是一种辉格作风。

[331] Edgar Zilsel, 'The Origins of William Gilbert's Scientific Method', *Journal of the History of Ideas*, 2 (1941), 1-32. 文章年代较早，但对实验方法的起源和"学者与工匠"论题的探讨，仍然很有影响。

[332] Edgar Zilsel, *The Social Origins of Modern Science* (Dordrecht: Kluwer, 2000). 关于"学者与工匠"论题的经典论著。

索　引